5

$\int \frac{897}{2}$

12531

ESSAI

SUR

L'HISTOIRE ŒCONOMIQUE

DES MERS OCCIDENTALES

DE FRANCE.

Par M. TIPHAIGNE, Docteur en Médecine.

M. Aubert sculp.

À PARIS,

Chez CLAUDE-JEAN-BAPTISTE BAUCHE,
Libraire, Quai des Augustins, à Sainte
Geneviève & à S. Jean dans le défert.

M. DCC. LX.

Avec Approbation & Privilége du Roi.

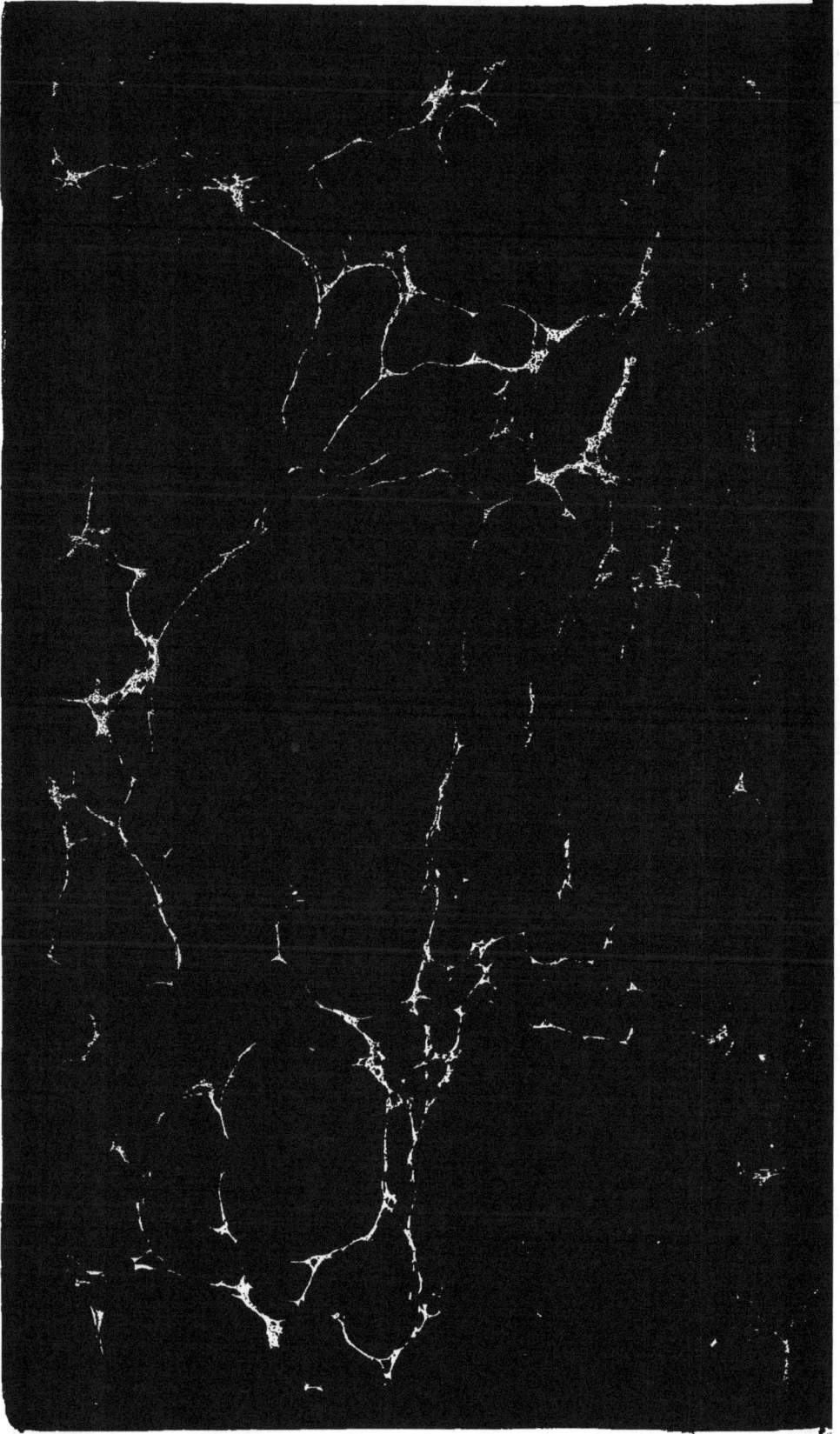

EPITRE

A MONSIEUR Q***.

ONSIEUR,

Puisque c'est l'usage, je dédierai, non au rang qui éblouit la foule, mais à l'amitié qui nous unit. Si un tel hommage se doit à l'estime, à quel autre que vous le rendrois-je à plus juste titre? Loin des Grands, auxquels vous n'avez

EPISTRE.

voulu tenir en rien; loin des Gens de Lettres, dont vous ne voulez voir que les Ouvrages, les Champs vous ont offert un asyle tranquille. Là, dans le silence des passions, vous cultivez, non pas cette Philosophie convulsive qui sans cesse attaque ou défend, & sans rien établir, détruit tout ; mais cette douce Philosophie, qui fait germer dans le cœur la sérénité & la joie pure.

Vous ne demeurez point oisif vis-à-vis des objets dont votre solitude est ornée. Soumise dans les végétaux à de nouvelles expériences, la Nature vous présente tous les jours de nouveaux phénomènes. Vous précipitez, vous suspendez, vous détournez, en mille manieres, sa marche ordinaire. Vous pénétrez dans les voies obscures qu'elle parcourt, & vos yeux satisfaits, y découvrent des mystères qui restent cachés pour le reste des hommes.

O bords tranquilles ! ô Philosophe aimable ! je vous reverrai bientôt : bientôt je sortirai de cette sphère d'activité où tout fermente & se heurte; j'irai partager vos paisibles travaux ; jusqu'aux dernieres traces du tumulte s'effaceront de mon ame, & je commencerai à vivre. Je suis, &c.

A Paris, ce 25 Juillet 1760.

PRÉFACE.

ETTER un coup d'œil sur les nombreuses familles qui habitent nos Mers, & sur les travaux singuliers qui, du fond des eaux, apportent ce qu'elles produisent d'utile; ce seroit sans doute assez pour intéresser le Lecteur.

Mais cet Ouvrage touche le Public de plus près; il tend à rétablir l'abondance des alimens, que la Mer ne semble plus fournir qu'à regret.

Dès le quinziéme siécle on s'apperçut de la décadence des Pêches : dès-lors & dans les siécles suivans, on s'efforça de les rétablir. On ne réussit point, & leur tribut diminua de plus en plus.

Il n'y a pas cinquante ans qu'on fit de nouvelles tentatives ; ce fut encore in-

fructueufement. Les Réglemens bons &
mauvais fe multiplierent ; la Police des
Pêches en demeura offufquée , & les
chofes s'embrouillerent plus qu'auparavant.

Depuis on a perdu cet objet de vue :
peu à peu on s'eft accoutumé à la difette;
enfin on eft venu jufqu'à perdre le fou-
venir de l'ancienne fécondité de nos
Mers.

Une telle négligence ne peut fe par-
donner à un fiécle qui s'annonce pour
ne s'occuper que de l'utile. Cet Ouvrage
a pour but de renouveller , à cet égard ,
l'attention du Public. Nous ouvrons la
carriere , nous effayons d'y faire quelques progrès, & nous invitons à faire de
nouveaux efforts.

APPROBATION.

J'AI examiné par ordre de Monseigneur le Chancelier un Manuscrit intitulé : *Essai sur l'Histoire Œconomique des Mers Occidentales de France*, cet Ouvrage que je juge mériter d'être imprimé, m'a paru intéressant par les Observations curieuses & utiles que l'Auteur a placées à la suite des objets dont il traite. A Paris, ce 5. Août 1760.

DE JUSSIEU.

PRIVILEGE DU ROI.

LOUIS, par la grace de Dieu, Roi de France & de Navarre : A nos amés & féaux Conseillers les Gens tenans nos Cours de Parlement, Maîtres des Requêtes ordinaires de notre Hôtel, Grand-Conseil, Prevôt de Paris, Baillifs, Sénéchaux, leurs Lieutenans Civils, & autres nos Justiciers qu'il appartiendra, SALUT. Notre amé CLAUDE JEAN-BAPTISTE BAUCHE : Libraire à Paris, Adjoint de sa Communauté, Nous a fait exposer qu'il desiroit faire imprimer & donner au Public des Ouvrages qui ont pour titre *Balets, Opéra, Théatres & Romans, depuis leur origine. ESSAI SUR L'HISTOIRE ŒCONOMIQUE DES MERS OCCIDENTALES, Flora Gallo Provincialis*, s'il Nous plaisoit lui accorder nos Lettres de Privilege, sur ce nécessaires. A ces causes, voulant favorablement traiter l'Exposant, Nous lui avons permis & permettons par ces Présentes, de faire imprimer lesdits Ouvrages autant de fois que bon lui semblera, & de les vendre, faire vendre & débiter par tout notre Royaume pendant le tems de dix années consécutives, à compter du jour de la date des présentes. Faisons défenses à tous Imprimeurs, Libraires & autres personnes de quelque qualité & condition qu'elles soient ; d'en introduire d'impression étrangère dans aucun lieu de notre obéissance : Comme aussi d'imprimer ou faire imprimer, vendre, faire vendre, débiter ni contrefaire lesdits Ouvrages, ni d'en faire aucun extrait sous quelque prétexte que ce puisse être, sans la permission expresse par écrit dudit Exposant, ou de ceux qui auront droit de lui, à peine de confiscation des Exemplaires contrefaits, & de trois mille livres d'amende contre chacun des contrevenans, dont un tiers à Nous, un tiers à l'Hôtel-Dieu de Paris, l'autre tiers audit Exposant, ou à celui

qui aura droit de lui, & de tous dépens, dommages & intérêts ;
à la charge que ces Présentes seront engistrées tout au long sur le
Registre de la Communauté des Libraires & Imprimeurs de Paris ; & ce dans trois mois de la date d'icelle ; que l'impression
desdits Ouvrages sera faite dans notre Royaume & non ailleurs, en bon
papier & beaux caracteres conformément à la feuille imprimée & attachée pour modele sous le contre-scel des présentes ; que l'Impétrant
se conformera en tout aux Réglemens de la Librairie & notamment
à celui du 10 Avril 1725, qu'avant que de les exposer en vente, les
Manuscrits qui auront servi de copie à l'impression desdits Ouvrages seront remis dans le même état où l'approbation y aura été
donnée ès mains de notre très-cher & féal Chevalier Chancelier
de France, le sieur de Lamoignon, & qu'il en sera ensuite remis deux
Exemplaires de chacun dans notre Bibliotheque publique, un dans
celle de notre Château du Louvre, & un dans celle de notredit
très-cher & féal Chevalier Chancelier de France, le sieur de Lamoignon, le tout à peine de nullité des Présentes ; Du contenu
desquelles vous mandons & enjoignons de faire jouir ledit Exposant
& ses ayans cause, pleinement, & paisiblement sans souffrir qu'il
leur soit fait aucun trouble ou empêchement. Voulons que la copie
des présentes, qui sera imprimée tout au long ; au commencement
ou à la fin desdits Ouvrages soit tenue pour dûement signifiée, &
qu'aux copies collationnées par l'un de nos amés & féaux Conseillers Secrémires, foi soit ajoutée comme à l'Original. Comman-
dons au premier notre Huissier ou Sergent sur ce requis, de faire
pour l'exécution d'icelles, tous actes requis & nécessaires, sans demander autre permission : nonobstant Clameur de Haro, Charte Nor-
mande, & Lettres à ce contraires : Car tel est notre plaisir. DONNE' à
Versailles le troiziéme jour du mois de Janvier, l'an de grace mil
sept cens soixante, & de notre Regne le quarante-cinquiéme.
Par le Roi en son Conseil. LE BEGUE.

Régistré sur le Régistre XV. de la Chambre Royale & Syndicale
des Libraires & Imprimeurs de Paris, N. 32. 43. fol. 54. & confor-
mément au Réglemen de 1723. A Paris ce 21 Mars 1760.

G. SAUGRAIN, Syndic.

De l'Imprimerie de GISSEY.

ESSAI

SUR

L'HISTOIRE ŒCONOMIQUE

DES MERS OCCIDENTALES

DE FRANCE.

PREMIERE PARTIE.

CHAPITRE PREMIER.

Des Productions de la Mer en général.

LE fluide aqueux produit & détruit tout. Par lui les germes se développent ; les plantes se nourrissent, les fructifications s'operent ; & de lui vient la dégénération, la mort, la pourriture. Sans lui, la chaleur vivifiante des animaux ne

A

seroit qu'un feu aride qui les consumeroit, &
avec lui cette même chaleur s'affoiblit à la longue, & s'éteint.

Ce que l'eau ne produit pas par elle-même,
elle l'aide puissamment ; elle met en mouvement, elle délaye, elle dissout, elle charie,
elle dépose, & cela dans les entrailles de la terre,
aussi-bien qu'à sa surface ; dans la substance des
plantes, aussi-bien que dans celle des animaux.
Par elle, tout prend vie, s'éleve sur la surface
du globe, meurt bientôt, & s'efface pour jamais.

Un agent aussi important devoit être répandu
par toute la terre, mais avec ménagement. Bien
des corps ne peuvent subsister que dans l'eau ;
mais beaucoup d'autres veulent être humectés,
& non pas noyés. Contenue dans son vaste bassin, la Mer pourvoit aux uns & aux autres. Elle
renferme les premiers dans son sein, & trans-
fere aux derniers ce qu'il leur faut d'humidité.
A l'aide de la chaleur, elle se dépouille de ses
parties salines & ameres, s'éleve en vapeurs
dans l'air, & se répand dans toute l'atmosphère.
Destitué de parcelles aqueuses, l'air par sa séche-
resse deviendroit funeste à tout ce qui respire :
empreint de ces mêmes parcelles, il devient
salubre. Cette légere humidité est nécessaire,

mais ne fuffit pas. Une portion des vapeurs
contenues dans l'atmofphère, affez condenfée
pour former des nuages, affez dilatée pour fe
foutenir dans l'air, s'abandonne au gré des
vents, & fe diftribue fur toute la furface de la
terre. De tems en tems, ces nuages refferrés
& devenus trop pefans, tombent en pluie. Les
eaux de pluie pénétrent les terres, diffolvent les
fels, délayent les fucs, & montent dans les végétaux qu'elles nourriffent. Tandis que l'eau
prépare dans les végétaux un aliment propre
aux animaux, elle fe filtre d'un autre côté dans
l'intérieur de la terre, s'infinue dans des millions de petits canaux, fe réunit d'efpace en
efpace, fourcille de toutes parts; & coulant
fous les yeux de ces mêmes animaux, leur
offre de quoi fe rafraîchir & fe défaltérer.

Si loin de leur origine, les eaux de la Mer y
retournent enfin. De tous côtés elles fe rejoi-
gnent, forment des ruiffeaux, des rivieres, des
fleuves, & vont fe perdre dans l'Océan, pour
s'en évaporer de nouveau.

Ainfi s'exécute la circulation univerfelle des
eaux, & c'eft dans les voies où s'accomplit cette
circulation, c'eft fur fa route, que nous naif-
fons, que nous vivons, que nous mourons,
nous & tous les êtres organiques nos contem-
porains.

Tous ces êtres couvrent la surface de la terre; & environnés d'air ou d'eau, trouvent dans l'un ou dans l'autre le ressort principal de leur vie. Ceux-ci plongés dans les mers, les lacs, les rivieres, se nomment êtres organiques aquatiles : ceux-là, plongés dans la plus basse région de l'air, fixés ou rampans sur la terre, & quelquefois s'élevant pour peu de tems au-dessus de sa surface, se nomment êtres organiques terrestres. Il est un petit nombre d'animaux, qui paroissant également capables de respirer l'air & de vivre sous les eaux, ont reçu le nom d'amphibies. Mais si l'on distinguoit ceux des amphibies qui ne peuvent long-tems se passer d'eau, quoiqu'ils en sortent quelquefois, & qu'on les mît au rang des aquatiles; si l'on ségrégeoit de même ceux des amphibies qui ne peuvent long-tems se passer d'air, quoiqu'ils entrent quelquefois dans les eaux, & qu'on les mît au rang des animaux terrestres; je pense qu'il en resteroit peu, ou qu'il n'en resteroit point du tout à cette troisiéme classe.

Nous pouvons donc regarder la terre comme partagée en deux vastes habitations, dont le Créateur destina l'une aux êtres organiqués terrestres, & l'autre aux aquatiles. Les limites de ces habitations ne sont connues qu'en partie;

le refte fe perd dans des climats glacés, vers les pôles, où l'on n'a pu les fuivre. Les obfer- vations font pourtant affez précifes, pour qu'on puiffe penfer que la Mer occupe à peu près la moitié de la furface de la terre : & fi l'on compte dans l'apanage du regne aquatique, les rivieres, les fleuves, les étangs, les lacs, il n'eft pas douteux que l'habitation des aqua- tiles excede en étendue celle des animaux ter- reftres.

ARTICLE PREMIER.

*Des Productions de la Mer, considerées comme
alimens.*

LES hommes trouvent dans les productions
de la Mer, la nourriture la plus salubre.
La premiere qualité qu'on requiert dans un
aliment, c'est de céder aisément aux forces di-
gestives. Presque tous ceux qu'on tire de la Mer
sont de cette nature, & il ne faut qu'un estomac
médiocrement fort pour dissoudre ceux de ces
alimens qui passent pour les plus difficiles à digérer. Je ne parle pourtant point de ces estomacs singulierement constitués, assez robustes
pour broyer & réduire certains alimens de la
plus dure consistence, & en même tems trop
foibles pour en digérer d'autres, quoique de la
substance la plus tendre. Ces estomacs capri-
cieux s'excluent des regles, mais ne les détruisent
point. Les productions marines n'ont ni la téna-
cité de la plûpart des alimens qu'on tire des végétaux, ni l'onctuosité de la plûpart de ceux
qu'on tire des animaux terrestres ; les premiers,
par leur tissu serré ou leur crudité, les seconds
par leur substance grasse, sont sujets à fatiguer

l'eftomac & à éluder l'action des fucs digeftifs.
Les alimens que fournit la Mer, font prefque
tous d'un tiffu rare ; peu font embarraffés de
graiffe, ou s'ils en contiennent, c'eft une graiffe
tenue de la plus aifée diffolution.

Si l'on excepte les coquillages, tant cruftacés, comme les homars, que teftacés, comme
les huîtres, prefque tous les autres poiffons ne
fe mangent point fans apprêt. C'eft avec les jus,
les huiles, le beurre, le vinaigre, le fel, les
épiceries, qu'on cherche à en relever le goût.
Ce que la nature avoit féparé, & fouvent par
des intervalles de plufieurs milliers de lieues,
le luxe le raffemble. Par des réunions & des
mélanges de tout genre, on cherche, en quelque forte, à jouir en même tems de toutes les
faveurs des corps naturels comeftibles. Ce
n'eft point en jouir, c'eft en abufer. De tous les
organes des fens, celui du goût eft le plus aifé
à dégénérer : vous l'accoutumerez aifément aux
faveurs les plus pénétrantes ; mais quand il y
fera accoutumé, les faveurs moins actives ne
pourront plus y faire aucune agréable impreffion. C'eft ce que le progrès des tems a opéré
fur nous. La fimple nature ne peut plus nous
plaire ; nous fommes forcés de chercher dans
les fubftances les plus piquantes, dans les fels

& les épiceries, de quoi aiguiser la saveur naturelle des alimens, trop foible pour nous affecter. Ce seroit peu d'être sortis de la nature, si cette dégénération n'avoit entraîné les suites les plus fâcheuses: nous y avons beaucoup perdu, sans y rien gagner. La Providence qui a tout fait, a fait en tout l'un pour l'autre. Elle a placé dans les alimens des saveurs capables de faire sur le goût des impressions plus agréables les unes que les autres: mais devenus incapables d'en être affectés, nous sommes obligés de déguiser ces alimens par mille sortes d'apprêts. Nous n'avons donc pas tant gagné, en trouvant ces moyens artificiels de piquer notre goût languissant, que nous avons perdu, en nous mettant hors d'état de jouir des saveurs naturelles. Ces mets déguisés en tant de manieres, ne sont point de nouveaux plaisirs que nous nous procurons; ce sont des remédes que nous appliquons pour un instant à la langueur de nos organes. Mais le plus grand inconvénient, & qui peut-être est irréparable, c'est que de ces artifices sont émanés la destruction de nos tempéramens primitifs, la foiblesse de notre constitution actuelle, les langueurs, les maladies, les vieillesses prématurées, les morts précoces.

Quoi qu'il en soit, chaque poisson a sa saveur particuliere. Les plus délicats vont aux riches, & ceux qui passent chez le peuple, ne leur cedent guères. Il y a plus, il semble que la nature a dédommagé la foule à cet égard : il y a des poissons qui ne se mangent bons que par le peuple. Les premiers maquereaux qui se prennent, par exemple, sont destinés à la table des riches ; ils ne valent rien ; la rareté seule & la nouveauté en font le prix. Quand leur saison s'avance, ils sont bons, & ils passent chez le peuple : l'abondance les fait mépriser des autres.

Les productions même de la mer qui paroissent les plus viles, ne sont pas sans avantage. Qu'on voye le petit peuple qui habite les côtes, aller, lorsque la mer se retire, recueillir des coquillages de tout genre, & en tirer la plus grande partie de leur nourriture. La Mer, exquise dans quelques-unes de ses productions, est encore utile dans ce qu'elle a de plus commun.

ARTICLE II.

Des Productions de la Mer, considérées du côté de leur influence sur différens objets.

LEs Arts tirent de grandes ressources des productions de la Mer ; ils pourroient pourtant en tirer beaucoup davantage , & à cet égard nous ne connoissons certainement pas encore toutes nos richesses. Ce n'est que par accident & en passant, que les Sçavans s'écartent sur le bord des Mers, ils jettent un coup d'œil sur les objets qui couvrent le rivage , & se contentent de les reconnoître & de les discerner. Mais cette mousse sur laquelle leurs yeux n'ont pas daigné s'arrêter , ce coquillage qu'ils ont foulé aux pieds , ces corps qu'ils trouvent à chaque pas & qui fatiguent leur curiosité toujours avide du neuf ; tout cela contient peut-être ce qui manque à tel Artiste pour perfectionner son Art , & pourroit remplir la plupart de ces vuides que les Maîtres apperçoivent tous les jours dans l'exercice de leur profession. J'ai vu le plus beau cramoisi sortir nuement d'une production marine tout autre que le coquillage qu'on appelle pourpre , teindre for-

rement une étoffe blanche , & s'y conserver
dans tout son éclat malgré les leffives réitérées.
Combien d'autres couleurs , par exemple , n'y
trouveroit-on peut-être pas ? Mais ces recherches demandent de longues résidences , des
travaux suivis & des tentatives sans nombre.
Nous manquerons probablement encore long-
tems, de ce que la nature s'efforce tous les jours
de nous prodiguer.

De quel secours ne font pas les huiles qu'on
tire de différentes fortes de poiffons , la foude qu'on tire des plantes marines , les fels
qu'on tire des eaux de la Mer , tantôt par l'é-
vaporation , tantôt par l'ébullition ? Et qui
pourra épuifer les vaftes magafins qui contiennent ces matériaux utiles ? Toutes les Mers du
Nord fourmillent de ces maffes organifées dont
on fait couler l'huile ; le flux couvre les rivages de plantes dont l'uftion donne la foude ;
& dans toute l'étendue des Mers, il n'y a pas
une feule goutte d'eau qui ne renferme du fel
marin. Les fables même chargés de matieres
graffes & de parties falines de différente nature , fe répandent tous les jours fur les terres
labourables & en excitent puiffamment la fécondité. Leur principale vertu procéde des
parcelles qui réfultent des plantes & des

poiſſons morts, fermentés & détruits ; & c'eſt
ainſi que les productions marines ſi utiles par
elles-mêmes , le ſont encore après leur deſtruc-
tion.

La Mer peut encore fournir des médicamens
de différente eſpéce ; & à cet égard ne ſçachant
quel avis ouvrir, peu s'en eſt fallu que je n'aye
gardé le ſilence. Si les maladies ſont nombreuſes, les reme des que l'Art offre contre elles ,
ſont en bien plus grande quantité. Je n'ai point
encore vu la fin de la liſte des médicamens,
on les a multipliés à l'infini , la Médecine en
eſt offuſquée & ſuccombe ſous ſes propres
forces. Qui voudroit approfondir, ſuffiroit à
peine à la connoiſſance ſi difficile de la nature des médicamens & de leurs préparations ;
comment ſuffiroit-il en même tems à l'Art,
encore plus difficile de les appliquer ? Si les
Médecins qui ſe ſont ſuccédés dans les différens tems , ont regardé les remédes alors connus comme inſuffiſans & ont cherché à en
découvrir de plus ſûrs, ils ont preſque tous man-
qué leur but ; ils cherchoient à donner des
chefs aux claſſes des médicamens , ils n'ont
fait qu'en augmenter la foule. Si l'ambition
les guidoit & ſi leur intention étoit de faire paſſer à la poſtérité leurs noms avec leurs recet-

tes ; c'eſt une petiteſſe d'Artiſte qui a perdu
l'Art. Avant que d'aller plus loin, je voudrois
qu'on vuidât cette queſtion. Doit-on continuer
de ſuivre la méthode courante & preſque uni-
verſelle ? Devons-nous toujours croire que
quantité de remédes ont les mêmes propriétés
& vont au même but ? En un mot, devons-
nous diviſer à l'ordinaire les médicamens en
claſſes, & regarder chaque claſſe comme une
file de ſynonimes qu'on peut ſubſtituer les uns
aux autres ? Si cela eſt, n'en cherchons plus
de nouveaux ; nous ſommes riches de reſte,
& à cet égard nous pouvons regarder la Médecine comme ces corps replets à qui leur propre embonpoint devient incommode & nui-
fible. Mais, ſuivant l'avis de quelques Mo-
dernes, ne doit-on point ſe défier des remédes
claſſiques & en chercher de ſpécifiques ? Croi-
rons-nous que chaque maladie procéde d'un
principe caché, que tel médicament, & non
d'autres, peut attaquer avec un ſuccès déci-
dé ? Toute fiévre intermittente céde à l'uſage
du quinquina par des raiſons qui ne ſont point
encore connues des Médecins ; doit-on eſpérer
de trouver pour chacune des maladies un ſem-
blable reméde ? En ce cas, on auroit à changer la face de la matiere Médicale. Non-ſeu-

lement, il faudroit retourner en arriere & re-
manier les médicamens déjà connus, il faudroit auffi aller en avant & voir fi parmi les
corps naturels que la Médecine femble avoir
négligés, il ne s'en trouveroit point qui pût
remplir quelques-unes des vûes qu'on fe pro-
poferoit. La Mer alors préfenteroit à nos recherches, une infinité de productions ; leur af-
pect, leur goût, leur nature, tout femble an-
noncer dans elles, une activité dont on pourroit
retirer les plus grands avantages. Mais il faut,
ou les confidérer fous le point de vûe dont
nous parlons, ou les laiffer dans l'oubli qui leur
femble deftiné. Le régne animal négligé par les
Naturaliftes, eft un pays prefque inconnu pour
les Médecins, & ceci eft fpécialement vrai des
animaux aquatiques. Que cette ignorance fe
perpétue, ou qu'on faffe dans ce régne de toutes autres découvertes que celles qu'on a faites
dans les deux autres ; fans quoi ce ne feroit
pas enrichir l'Art, ce feroit continuer à fur-
charger les Regiftres médicaux. Quand je dis
que la Médecine, accablée par les fecours qu'elle
a reçus de toute autre part, n'en tire prefque aucun du régne animal, furtout aquatile,
cela n'empêche pas que de ce côté même on
n'ait effayé de lui en fournir. Certains livres

font pleins de remédes tirés des productions
marines ; peu, foit fatalité , foit tout autre raifon , font reftés en ufage ; quelques-uns pourroient figurer comme mille autres dans nos dif-
tributions claffiques. Il faut mettre le refte au
rang de ces médicamens décriés , que la fu-
perftition feule a été autrefois capable d'accré-
diter.

Les avantages dont nous avons parlé , ne
font pas à beaucoup près les feuls qu'on retire
de ces productions ; qui les fuivroit dans tous
les ufages qu'on en fait, parcoureroit la plupart des Arts & des branches du commerce.
Nous n'entrerons point dans ce détail , il nous
accableroit.

Je ne parle point non plus des fecours qu'on
retire indirectement des productions marines ,
fecours que ces productions ne fourniffent pas
par elles-mêmes , fecours dont on feroit pourtant privé fans elles. En voici un exemple. Les
productions de la Mer ont donné naiffance à
la pêche , & c'eft au milieu des manœuvres
des pêches, que fe forment ces habiles Matelots, ces gens de mer fi néceffaires à l'Etat.
Qu'on conftruife des Vaiffeaux, qu'on les pour-
voye d'armes ,de munitions & de troupes, c'eft
beaucoup , mais ce n'eft pas encore affez ; il

faut des Matelots, & des Matelots habiles. On
a des vaisseaux, des armes & des soldats avec
de l'argent ; d'habiles Matelots, l'argent ne les
donne point ; le tems & une sage politique les
forme. Et où sont-ils formés ? Sur le bord des
mers, au milieu des filets & des pêches.

Ce n'est donc pas assez de regarder l'Art de
la pêche, comme un Art utile, qui, comme
tout autre, mérite qu'on le protége : il faut le
regarder comme un Art essentiel, qui, plus que
tout autre, mérite l'attention du Gouvernement.
Répandre au loin les richesses des Mers, & porter dans le Public l'abondance des denrées co-
mestibles, c'est peut-être le moindre avantage
que l'Etat doive attendre des pêches. Encore
une fois, cet Art est le principe caché des forces
navales.

Le fils du Pêcheur apprend à manœuvrer sans
y penser. Dès l'enfance, toujours sur le bord
de l'eau, il joue avec la mer, & devient fami-
lier avec cet élément terrible, même avant qu'il
soit en âge de le connoître. Dès qu'on en peut
tirer parti, on l'emploie sur les bateaux. Il
passe rapidement de fonction en fonction ; l'é-
mulation le pique, & l'adresse supplée à la force. A peine sort-il de l'enfance, qu'il s'acquitte
des manœuvres les plus pénibles. Enfin, endurci

au travail, & perfectionné dans son Art, il passe aux Commerçans ou à l'Etat, & rend des services qu'on ne peut attendre que de celui seul qui a été nourri, en quelque sorte dans l'eau, & au milieu des opérations de la marine.

Nous avons un exemple frappant de l'influence des Pêches sur un Etat, dans la naissance, le progrès & la splendeur de la République d'Hollande. Par quels degrés a-t'elle monté au point où elle se trouve aujourd'hui ? Partons des faits & des évenemens que nous présentent les annales ; nous trouverons une Nation laborieuse, qui commence par pêcher, qui ensuite commerce, & qui enfin devient guerriere. Les Hollandois quittent leurs mers infécondes, & vont au loin en chercher de plus poissonneuses ; ils pêchent non-seulement pour eux, mais pour tous les peuples qui les environnent, & bientôt ils se trouvent en état d'embrasser les autres branches du commerce. Devenus forts, parce qu'ils sont devenus riches, ils prennent les armes, combattent pour leur liberté, & l'obtiennent. Ainsi le Hollandois a passé du bateau pêcheur au Vaisseau Marchand, & du Vaisseau Marchand, dans le Vaisseau de guerre. Ce n'est pas qu'ils ayent abandonné l'un pour l'autre. Ils s'occupent de la guerre, mais sans négliger le

B

commerce, & ils regardent toujours l'exercice
des pêches comme essentiel, moins encore par
son utilité propre, que par l'influence qu'il a sur
tout le reste. C'est un degré par lequel ils ont
passé, mais degré toujours subsistant, par lequel
ils passent encore. Par le moyen des pêches, ils
sont parvenus ; ce même moyen contribue à les
soutenir : principe caché, mais actif ; source
reculée, mais féconde, où puisent sans cesse le
commerce & la guerre.

Ce seroit peu, que les productions de la Mer
eussent tous les avantages dont nous venons de
parler, si elles n'avoient celui de se pouvoir
distribuer au loin. La Providence y a pourvu, &
à cet égard n'a presque rien laissé à faire à l'industrie des hommes. Elle a jetté les mers & les
terres les unes dans les autres ; on diroit que le
hasard fait cette distribution ; mais en effet une
sagesse bienfaisante y a présidé. Ici la mer s'a-
vance dans le continent, comme pour y porter
son tribut : là le continent s'avance dans la mer,
comme pour y aller chercher ses besoins. Par-
tout les limites de cet élément s'étendent en ser-
pentant, & non pas en droite ligne : elles se prolongent, pour laisser plus d'étendue aux poissons, qui presque tous naissent, s'éduquent &
multiplient le long des côtes. Cette même Pro-

vidence, qui a peuplé les eaux, & en a varié les
habitans selon les climats, transporte quelquefois dans une Mer, les productions d'une autre.
C'est ainsi qu'elle nous amène cette foule immense de poissons de passage, supplément si
utile à ce qui manque à nos parages. Les terres
qui se trouvent au centre des continens, ne sont
pas pour cela privées des ressources de la Mer.
Les rivieres & les fleuves sont autant de voies de
communication, entre ces Pays reculés & l'O-
céan. Les contrées qu'ils arrosent y trouvent des
poissons d'eau douce de mille espéces différentes ; & pour ajouter encore à l'abondance, beaucoup de poissons d'eau salée quittent la mer, &
viennent s'y établir. Enfin les productions marines ne manquent pas même à ceux qui vivant
loin des Mers, n'en sont point dédommagés par
les rivieres, les fleuves, les étangs. Le commerce qui transpose tout, & qui ne souffre nulle
part ni superfluité ni disette, y pourvoit. Les
productions marines, portées par le moyen des
rivieres dans l'intérieur des continens, passent
encore dans les mains des Commerçans, & se
répandent de toutes parts.

CHAPITRE II.

Productions de la Manche, ou du Canal de France & d'Angleterre.

LA Mer du Nord, après avoir baigné les côtes de Norvege, est reçüe dans un vaste bassin entre l'Ecosse, l'Allemagne & le Dannemarc. Là, elle s'ouvre deux différens passages; à l'Orient, elle pénétre & s'étend fort avant dans le continent, & remontant du côté du Nord, elle forme la mer Baltique & les golphes de Finlande & de Bothnie. Du côté de l'Occident, cette Mer s'engage entre la France & l'Angleterre où elle forme le canal qu'on nomme la Manche, au-delà duquel elle se perd dans l'Océan occidental.

Le canal, depuis le pas de Calais où il commence, jusqu'aux limites occidentales de la Bretagne où il se termine, iroit toujours en s'élargissant, si ce n'est qu'un prolongement de la Normandie, s'avance dans son lit & le resserre en cet endroit. Il baigne à l'Ouest la Picardie, la Normandie & la Bretagne.

Dans toute cette longueur, la Mer est bornée tantôt par des chaînes de rochers d'une

hauteur effrayante ; tantôt par de petites éminences de fables que cet élément a accumu-
lées comme pour reconnoître fes bornes. Ici la
greve eft éminente & a une pente rapide du
côté de l'eau, le flux n'y peut prendre une grande étendue, & la Mer mugiffante femble s'a-
charner à furmonter cet obftacle ; là, une
greve plate laiffe rouler les eaux avec ai-
fance, & la marée en couvre & découvre al-
ternativement des lieues entieres. Dans certains
endroits la Mer forme de petits golfes, retraites fi recherchées des poiffons ; ailleurs elle
forme des aziles aux Navigateurs. L'Art en a
perfectionné quelques-uns & d'autres attendent
le même fecours, pour former les Ports les
plus commodes les plus fûrs & les plus confidérables. Elle refpire dans l'embouchure de
plufieurs Rivieres, & fait fentir au loin dans
les terres fon mouvement alternatif. Dans certains parages elle préfente une furface unie
où l'œil fe perd & s'égare ; dans d'autres mille
rochers épars s'élevent fur cette furface & font
jaillir au loin les flots qui viennent s'y brifer.
Les rochers, le galet, le gravier, les fragmens
de coquilles, les fables, l'argile, le limon,
&c. partagent les terroirs que couvrent les eaux,
& la nature des fonds varient comme tout le
refte.   B iij

Par les détails où nous venons d'entrer, on voit que les eaux qui baignent nos côtes peuvent nourrir des aquatiles de toute espéce, puisqu'il s'y trouve des habitations de tout genre. Mais quoiqu'en général on puisse regarder nos côtes comme fécondes, elles ne le font pourtant pas autant que celles qui de l'autre côté du canal bordent l'Angleterre. Là, les eaux font beaucoup plus profondes qu'ici, & je ne vois point d'autres raisons de cette supériorité. Le reste égal plus en quittant le continent, on avance du rivage vers la pleine mer, plus on trouve la profondeur des eaux considérable. Les limites occidentales de la France font partie des bords du continent ; ainsi, le reste toujours égal, plus on avancera, en partant de nos côtes pour gagner la pleine mer, plus on trouvera les eaux profondes. Si sur cette route il se rencontre des éminences de terre qui du fond de la mer s'élevent au-dessus de sa surface, ces éminences doivent donc être environnées d'eaux plus profondes, que celles qui baignent nos rivages, & c'est ce qui arrive aux Isles Britanniques.

Si nous confidérons maintenant le canal du côté économique, nous trouverons que les productions de cette Mer se transportent fort loin dans les terres & fe répandent dans les trois parts du Royaume. Et pour ne parler ici que de la capitale , Paris confomme tous les jours du poiffon que cette Mer lui envoie de plus de cent lieues. Les côtes les plus voifines de cette Ville, font celles de Dieppe & les environs, & c'eft de celle-là qu'elle tire le plus abondamment ; mais cela n'empêche pas que toutes les autres ne lui fourniffent ce que leurs pêches amenent de meilleur & de plus beau.

ARTICLE PREMIER.

Enumération des principales Productions de la Manche.

LEs différentes productions de la Nature se trouvent répandues dans différens pays; chaque terroir, par exemple, & chaque climat produit ses plantes particulieres. Il en est de même des Mers; leur étendue est plus ou moins vaste, leur profondeur plus ou moins considérable, leur salûre plus ou moins forte, leur température plus ou moins froide ou chaude; & selon sa nature, une Mer nourrit seule certains aquatiles, en exclut d'autres, & communique des qualités singulieres à ceux des poissons, qui ne lui étant pas particuliers, se retrouvent dans d'autres mers.

Je vais entrer dans le détail de celles des productions marines que fournit le canal : mais comme nos vues sont purement économiques, je ne parlerai que de celles qui entrent dans le commerce & concernent les pêches. Je ne ferai même que les désigner, dans la suite je pourrai en décrire quelques-unes, entreprendre de les décrire toutes, ce seroit sortir des bornes que nous nous fommes prefcrites

Parmi les poiffons ronds, la Manche nourrit l'Eperlan, l'Alofe vraie & fauffe, la Trui-
te, le Saumon, l'Efturgeon, la Lamproie ;
poiffons qui quittent la Mer dans certaines
faifons, & entrent par les embouchures des
rivieres, dans l'eau douce : le Rouget, la Dorée & la Dorade, la Vive, le Merlan, le
Colin, la Morue, différentes efpéces de Chiens
de mer, le Marfouin ; poiffons fédentaires,
qui vivent pour l'ordinaire loin du rivage vers
la haute mer, & aiment les eaux profondes:
le Bar, l'Egrephin, le Naigre ou le Maigre,
le Celan, le Lieu, le Merlu, la Morue longue ou Morue franche ou Cabillau, la Vache
de Mer, la Rouffette, l'Ange, le Congre,
l'Anguille, la Brême, le Mulet, l'Anchois,
le Hareng, le Maquereau, l'Orphie, le Surmulet, l'Eguille ; poiffons dont les uns habitent
le rivage, les autres la pleine mer, & dont
la plupart font paffagers.

En poiffon plat, la Manche nourrit des Raies
de différente efpéce, le Fletan, le Flet, la
Sole, le Turbeau, le Cailletot, la Barbue,
le Carrelet, la Limande & la Limandelle, la
premiere fort commune, la feconde fort rare

En rocailles, le canal fournit les Araignées de

mer ; le Crabe ou Cancre, la Chevrette ou Sau-
terelle de mer par corruption Crevette , le Homar ou grande Ecreviffe de mer, la Langoufte,
rare dans la Manche , le Salicot ou petit Lan-
gouftin.

De tous les coquillages que produit la Manche , les Huîtres communes , les Huîtres vertes
& les Moules font peut-être les feules qui méritent attention. S'il s'en trouve d'autres dans beaucoup de parages , c'eft une reffource feulement
pour le menu peuple des environs , ces coquillages ne paffent point outre & ne font ni affez
eftimés , ni affez abondans pour entrer dans
le commerce.

Nos rivages font encore peuplés d'un grand
nombre d'oifeaux marins & maritimes. Les
vers, les coquillages , les petits poiffons leur
fervent de nourriture ; ils volent , ils nagent ,
ils plongent & s'occupent fans relâche à la recherche de leurs alimens. L'hyver, furtout quand
il eft rigoureux, nous en amene des Mers du
Nord , de mille efpéces différentes. Le froid,
température qui peut-être feule leur eft favorable , les invite à fe répandre fur nos côtes, & la
nourriture abondante qu'ils y trouvent, les y
retient tant que dure cette faifon : peut-être
auffi qu'un plus grand froid les chaffe vers un

moindre, De tous ces oiseaux , beaucoup ont
une faveur marine & ingrate qui les exclut de
nos tables , plusieurs sont médiocrement bons
& quelques-uns sont fort recherchés ; tels sont
les Macreuses grises & noires , les Chevaliers ,
les Bécasses de mer , les Corlieux ou Courlis ,
les Oies de mer , les Bievres , les Vignes ou
Vingeons.

Je ne parle point ici des Bonites , des Pela-
mides , des Thons, ni de quelques autres poissons fort communs dans la Méditerranée, fort
rares dans la Manche, Ces poissons de la premiere qualité , se pêchent quelquefois parmi
les Maquereaux , mais si peu fréquemment que
nous ne pouvons les regarder que comme des
richesses dont nos mers sont privées,

Les productions dont nous venons de parler
ne sont pas toutes également estimées. Celles
qui le sont le plus , composent ce qu'on appelle
la grande marée ; les autres composent la petite. Les premieres sont parmi les poissons, l'Alo-
se , le Bar , la Barbue , le Cailletot , le Carreau
ou Carrelet , la Dorade & la Dorée que quelques-uns confondent mal à propos , le Flet,
la Lamproie , le Naigre , le Rouget , le Saumon , le Surmulet , la Vive. Parmi les rocailles
& les coquillages , la Chevrette , le Crabe , le

Homar, l'Huître : parmi les oifeaux , les Oies de mer & les Macreufes grifes & noires.

On doit penfer qu'il entre bien du préjugé dans l'eftime différente qu'on fait de toutes ces productions. Tant que les Raies ont été fort communes, elles n'ont pas été fort recherchées ; aujourd'hui qu'elles font devenues rares , on les regarde comme des poiffons de la premiere qualité. Le Hareng frais eft peut-être le plus délicat de tous les aquatiles : pour l'ordinaire on le fert fans aucun affaifonnement, il vaut par lui-même & vaut beaucoup. Mais quoi de plus commun, dans la faifon, que le Hareng frais? Un tel poiffon n'étoit affurément point fait pour mériter le titre de grande marée.

ARTICLE II.

Mœurs de Poissons.

Uand j'examine dans les animaux, ce difcernement dans le choix de leur demeure, cet art de la plupart d'entr'eux dans la
fabrique de leur habitation, cette tendreffe dans
l'éducation de leurs petits, cette fagacité dans
le choix de leur nourriture, je tombe dans
l'étonnement & je ne fçais plus quelles bornes mettre à leur intelligence. Mais lorfque je
confidére cette uniformité générale & perma-
nente dans les mœurs de chaque efpéce, cette
impuiffance à tranfmettre la moindre idée d'une
génération à l'autre, cette ineptie avec laquelle
ils donnent dans les piéges les plus groffiers
& toujours les mêmes, je tombe dans un étonnement d'un autre genre, & je ne fçais plus
quelles bornes mettre à leur imbécillité. Quel
mélange bifare de pénétration & de ftupidité !
Ces Abeilles induftrieufes qui forment une fociété fi policée, qui dirigent vers le même but
& avec un fi bel ordre tant de travaux divers,
qui prennent à tant d'égards des mefures fi juftes pour l'avenir, ces animaux fi intelligens fe

laissent prendre, asservir & piller de tous les tems. Un peu de poussiere jettée en l'air, leur paroît une tempête, & ils se jettent dans les prisons qu'on leur présente comme des réfuges. Les filets presqu'aussi anciens que les poissons, sont toujours nouveaux pour eux. Echapés à demi-morts de l'un, ils se jettent l'instant d'après dans l'autre. Cet appareil mortel n'a encore rien d'imposant à leur égard, les malheurs des uns ne sçauroient instruire les autres, & leur propre expérience ne peut les rendre plus circonspects. Qui a éclairé l'instinct des animaux à tant d'égards, qui l'obscurcit à tant d'autres? Pourquoi liés à peine & sans le moindre usage, se comportent-ils dans bien des circonstances avec tant de précaution & de sagesse? Pourquoi nourris de génération en génération dans les dangers, n'en deviennent-ils pas plus circonspects? Les principes innés qu'on refuse aux hommes, les accordera-t-on aux animaux; & leur refusera-t-on les principes acquis, les seuls qu'on accorde aux hommes?

Les terres que couvrent les eaux de la Mer, ne sont point d'une autre nature ni dans un autre arrangement que celles que nous habitons. Il s'y trouve des fonds d'argille, de marne, de sable, de roche, &c. & tout y est diftribué par couches. D'un côté s'étendent de vastes plaines, d'un autre s'élévent des chaînes de montagnes dont le sommet sort quelquefois du sein des Mers & forme des Isles. Tantôt il se présente sous les eaux des coteaux féconds couverts de plantes marines , & tantôt des rochers stériles que les flots ont dépouillés. Ici l'agitation périodique de l'Océan , l'impulsion des vents & la disposition locale des terreins forment des courans, tout y est dans une action & un trouble perpétuel ; là des bassins formés par des ceintures de colines, renferment des eaux tranquilles , qui à peine ressentent l'impression générale du flux & du reflux. Ces différentes habitations , comme nous l'avons déjà dit, sont peuplées de différens poissons. Les uns vifs & agiles comme l'Anguille , vivent dans les endroits où les eaux sont agitées ; les autres phlegmatiques , & qui ne se meuvent qu'avec lenteur comme les Raies , s'établissent au fond de ces espéces de bassins dont nous venons de parler, où la Mer presque toujours calme oppose moins d'obstacles aux efforts qu'ils font pour se mouvoir. Quelques-uns , comme le poisson plat à arêtes, qui ne se mettent guéres en mouvement que quand la faim ou quelque danger les presse, aiment les fonds de va-

se de sable & autres qui ont peu de consistence & dans lesquels ils peuvent s'enfoncer ; se
mettre à couvert & rester tranquilles. D'autres,
comme beaucoup de poissons à écailles, recher-
chent les eaux pures & limpides & séjournent
pour l'ordinaire entre les rochers. Il y en a
qui aiment la solitude & les retraites des Mers
profondes ; il y en a d'autres qui préférent
le rivage, ils se plaisent au fracas des eaux,
& jouissent des variations du flux & du reflux.
Il en est beaucoup qui vivent & meurent dans
l'habitations qu'ils se font une fois choisie, tels
sont les Saxatiles. Beaucoup viennent s'égayer
sur nos rivages dans le tems que les chaleurs
de l'été tempérent les eaux, & retournent vers
la pleine mer aux approches de l'hiver. On
en peut regarder plusieurs comme des poissons
voyageurs ; ils vont par troupes, traversent
des mers & retournent ensuite au lieu d'où ils
étoient partis. D'autres se dégoûtent de leurs
anciennes demeures & de leurs alimens ordinaires, & entrent par les embouchures des Rivieres
dans l'eau douce. Là, quelques-uns d'entre eux
restent & oublient leurs pays natal : les autres
quittent la Mer le printems, & y retournent
l'été. Ce qui, plus que toute autre chose, détermine les aquatiles dans le choix de leurs
habitations

habitations & des climats que quelques-uns d'entre eux parcourent, c'est l'abondance des alimens.

La faim qui rend industrieux les plus stupides des hommes, aiguise aussi l'instinct des animaux & les instruit autant que le comporte la mesure de sagacité dont la Providence les a pourvus. C'est elle qui apprend à cette espéce de Raie, que nous appellons Aigle de mer, à roder autour des autres poissons avec une lenteur qui ne leur inspire aucune défiance, & ensuite à profiter de l'instant où elle se trouve à portée, pour les percer de son dard envenimé. C'est elle qui inspire à la Grenouille pêcheuse de s'ensevelir sous les sables en laissant floter dans l'eau ces productions alongées semblables à des vers, qui comme un apas attirent à elle les autres poissons. C'est elle enfin, qui nous améne des Mers étrangeres, ces légions de Sardines, de Harengs, de Maquereaux, qui dans certaines faisons viennent se jetter en foule dans les filets de nos pêcheurs.

Des poissons, les uns se nourrissent de vers, d'insectes, de coquillages, d'autres poissons. Plusieurs d'entr'eux n'épargnent pas même leurs semblables, je veux dire ceux de la même es-

C

péce ; leur propre lignée n'est pas à couvert
de leurs pourfuites. Quelques autres plus fobres
paiffent l'herbe marine , de maniere que la Mer
a auffi fes troupeaux & fes paturages. Mais
une nourriture univerfelle pour les aquatiles ,
& qui ne leur fçauroit manquer au befoin , c'eft
l'eau dont ils font environnés.

Il ne fe trouve point d'eau pure , elle eft toujours mêlée plus ou moins de terres , de fels
& d'autres corpufcules étrangers. Dès-lors elle
peut faire avec ces corps différentes combinaifons , & de quelqu'une de ces combinaifons ,
peut réfulter un aliment. Ainfi pour qu'un corps
organique quelconque , puiffe fe nourrir d'eau ,
il eft feulement néceffaire qu'il foit pourvu de
certains organes ou de certains levains qui faf-
fent naître dans l'eau & les corpufcules dont
elle eft chargée , cette forte de fermentation
dont le réfultat eft un aliment. Ces levains fe
trouvent dans les plantes, leurs feuilles & leurs
racines abforbent l'humidité de l'air & de la
terre , bientôt la fermentation s'empare de ce
fluide & des corpufcules qu'il contient , & de
cette fermentation réfulte l'aliment dont la
plante fe nourrit. La même chofe , ou-à-peu-
près , a lieu dans certains coquillages , fpécialement dans l'Huître ; & des obfervations réité-

rées prouvent que souvent quelque chose de
semblable se passe dans les poissons. La Carpe
de l'épouse du Docteur Rondelet, élevée l'espace de trois ans dans un vase de verre &
nourrie d'eau seulement, y prit un tel accroissement, qu'à beaucoup près, elle ne pouvoit
plus sortir du bocal qui la renfermoit. Dans
la suite nous aurons lieu de reprendre cette
question.

Quant à la propagation des poissons, la
Nature se cherche en eux & se retrouve par
plus d'une voie. Les uns, comme les cétacés,
s'approchent à la maniere des quadrupedes,
mettent au jour leurs petits vivans, les allaitent, les éduquent, & ne les abandonnent
que quand ils peuvent se suffire à eux-mêmes.
Des autres poissons, peu donnent des petits vivans, presque aucuns n'en prennent soin. La
Mer les reçoit au sortir de la coque, & pourvoit abondamment à leur subsistance. Presque
tous les poissons à arête, & beaucoup de cartilagineux se reproduisent par la voie des œufs.
Fécondés par le mâle, ces œufs tombent
sur les fonds où l'énergie d'une chaleur humide les développe ; à peine éclofes, de petites &
nombreuses familles nagent déjà avec aisance,
& se jouent sur les bords de la Mer.

Les poissons ne déposent point leurs œufs indifféremment en toute sorte de lieux. On diroit qu'ils pressentent le degré de chaleur nécessaire au développement, la nature des fonds
les plus convenables à leurs petits, les endroits
les plus propres à leur fournir le genre de
nourriture dont ils auront besoin. En conséquence, selon leur naturel & leur différente
constitution, les uns répandent leurs œufs sous
les eaux profondes vers la pleine mer, les autres sur des fonds de roches, mais la plûpart
sur les côtes à peu de distance du rivage.

Si l'on considére l'ovaire de la plupart des
femelles des poissons, on demeure étonné de
la prodigieuse quantité d'œufs dont il est pourvu ; & si sur cette apparence on venoit à calculer la multiplication des aquatiles, on trouveroit qu'en moins de dix ans, une seule femelle seroit capable de peupler toutes les Mers.
Mais en réfléchissant sur les accidens qui traversent ces générations, on trouve qu'avec
tant de profusion, la Nature soutient à peine
les espéces. Premierement il ne faut pas croire
que tous ces œufs se développent heureuse-
ment ; la plupart restent inféconds & ne produisent rien. Quant aux autres, les poissons
nouvellement éclos, sont sujets à un si grand

nombre d'accidens que la plus grande partie meurt dans le premier âge. Pendant l'été, par exemple, les bords de la Mer fourmillent de petits aquatiles nouvellement nés : combien laiffent retourner la marée & reftent imprudemment fur les fables dans lefquels ils fe cachent, & de ceux-ci, combien ne périffent pas par la chaleur exceffive qui s'empare de ces fables & que l'eau qui s'eft retirée ne tempere plus. Ceux des poiffons qui échapent aux dangers du premier âge, en retrouvent d'un autre genre dans ceux de leurs femblables auxquels ils fervent de pâture. Euffent-ils des ailes, une partie des poiffons ne peut échapper à l'autre, non plus qu'à leurs ennemis étrangers. Voyez dans certaines Mers cette efpéce de Hareng volant, auquel on a donné le nom d'Hirondelle ; preffé dans l'eau, & fur le point d'être dévoré, il s'élance dans l'air, fes nageoires le foutiennent, il vole, mais il trouve fur fa route de nouveaux ennemis, des oifeaux voraces s'acharnent à le pourfuivre : perfécuté dans l'air & dans l'eau, s'il apperçoit quelque vaiffeau à fa portée, il s'y jette comme dans un refuge & tombe entre les mains de l'homme, le plus terrible ennemi que toutes les races des animaux ayent à craindre. Les poiffons fe font la guerre entre eux, les oifeaux font la guerre aux poiffons ; l'homme fait la guerre aux oifeaux, aux poiffons, à toute la Nature, à lui-même.

Les poiffons, furtout les poiffons de mer, ne s'apprivoifent point ; leur imbécillité les rend timides & craintifs, difent quelques Phyficiens, ils fe défient toujours & ne fe familiarifent jamais. D'autres pourront dire, que chériffant la liberté, ils fuient toute efpéce de fervitude, & que leur fagacité les prévient contre toutes flateries qui pourroient les y conduire. Mais il eft certain que la facilité avec laquelle certains animaux s'apprivoifent, ne dépend ni du plus ni du moins d'intelligence. Pour s'en convaincre, il ne faut que jetter un coup d'œil fur nos animaux domeftiques, quelle fagacité dans les uns, quelle ftupidité dans les autres! Sans doute les animaux s'apprivoifent ou ne s'apprivoifent point, felon la tournure de leur inftinct. Sans doute il y a certains poiffons qui, le refte égal, feroient tout auffi dociles que nos animaux domeftiques. Mais comme des hommes marins ne réuffiroient point à apprivoifer des animaux terreftres, des hommes terreftres ne doivent guere mieux réuffir à apprivoifer des animaux marins. S'il nous

étoit donné de féjourner & de former des
établiffemens fous la profondeur des eaux,
nous y trouverions des poiffons que nous inf-
truirions à nous défendre, à nous voiturer, à
chaffer, & nous ne manquerions ni de meutes,
ni de troupeaux, ni de ménageries. Mais ces
détails m'éloignent trop de mon objet ; j'ajou-
terai feulement que l'induftrie a été jufqu'à
apprivoifer certains poiffons, & qu'il n'eft pas
inouï qu'on ait appris à quelques-uns d'entre
eux, à pêcher & remettre à leur maître le
fruit de la pêche.

CHAPITRE III.

Des Pêches.

DE toutes les manieres de traiter des Arts, il n'en est point de plus amusante, de plus instructive, de plus utile que celle qui prenant l'Art dès son origine, fait observer avec ordre tous les degrés par où il a passé en se perfectionnant. Par là, le Lecteur voit en quelque sorte les Artistes se succéder les uns aux autres, s'empresser d'ajouter leurs inventions à celles de leurs prédécesseurs, & malgré leurs efforts, laisser toujours des vuides & de quoi occuper la sagacité de leurs successeurs. Par cette voie on remonte en quelque sorte, au principe de l'Art, on entre dans les motifs de chaque nouvelle invention, on en saisit le fort & le foible ; en quelque sorte on devient Artiste soi-même. Avec des idées si claires, le Lecteur se trouve à portée de raisonner sur l'état actuel de l'Art, il voit en quoi il a été porté à sa perfection, en quoi il a encore besoin d'être cultivé ; il raisonne, il imagine, il tente l'expérience, il réussit quelquefois, & indique de nouvelles ressources.

Un autre endroit, & très-important, par lequel cette méthode peut encore devenir utile, c'est que s'il arrive qu'il se glisse des abus dans un Art, on ne doit pas espérer d'y remédier avec succès, sans connoître à fond cet Art même, & l'on ne doit pas se flatter de le connoître à fond, si l'on ne l'a pas examiné & étudié autant qu'il est possible, sous le point de vue dont nous parlons.

Je sçais qu'il est difficile d'avancer dans la route que nous indiquons, & qu'en passant de leurs premiers inventeurs, jusqu'à nous, les Arts ont laissé des traces légeres peu aisées à reconnoître. Je ne doute pas même qu'un Auteur qui veut suivre ces traces, ne se trouve souvent obligé d'avoir recours à son imagination, dans les endroits où elles sont totalement effacées & interrompues. Mais je sçais aussi qu'il importe peu qu'un Traité, tel que celui dont nous parlons, soit exact en tout point, ou imaginaire à bien des égards, quant à l'historique. Il n'est pas tant question d'exposer l'ordre réel des inventions, que de faire sentir les besoins qui y ont donné lieu. Qu'importe l'époque ? C'est des motifs dont il s'agit, & des motifs présentés avec ordre. Que cet ordre soit imaginaire, il ne s'en place pas moins aifément dans l'efprit, il ne l'éclaire pas moins.

Cette méthode lumineufe n'eft peut-être pas applicable à tous les Arts ; elle l'eft heureufement aux Pêches, & nous allons effayer de la fuivre.

Dans quelque état que fe foient trouvés les hommes vers leur origine, leur foin principal fut de pourvoir à leur nourriture. La culture des terres, & enfuite la chaffe & les pêches occupèrent d'abord le genre humain. Il y a loin, comme on voit, à remonter aux pêches primitives : la voie du fimple au compofé paroît être la feule qui puiffe nous ramener à celles qui fe pratiquent de nos jours.

Celles de fes productions que la mer abandonnoit fur le rivage en fe retirant, & celles qu'elle laiffoit voir dans fes eaux à ceux qui marchoient fur fes bords, furent, fans doute, les premiers objets qui fixerent l'attention, & dont les hommes s'emparerent. Il ne falloit pas un grand appareil pour cette pêche ; on portoit la main fur tout ce qui paroiffoit digne d'être recueilli : c'eft ce que nous appellerons *Pêches à la main*.

Dans ce genre de pêche on ne pouvoit guère fe faifir que de quelques animaux qui n'ont point de mouvement local, comme les Huîtres, ou de quelques autres qui ne marchent qu'avec lenteur, comme les Ecreviffes. Ceux qui avoient de l'agilité, comme la plûpart des poiffons, échappoient toujours à ces Pêcheurs peu induf-trieux. On s'avifa de darder les poiffons avec de longs pieux pointus : c'eft *la Pêche aux Fi-chûres.*

Mais peu de poiffons fe préfentoient aux yeux de nos Pêcheurs à Fichûres, & fouvent celui qui fe préfentoit, n'approchoit point affez, ils ne pouvoient l'atteindre. Pour l'attirer, ils mi-rent des appas au bout de la perche pointue dont ils fe fervoient ; & s'appercevant que cer-tain poiffon accouroit, ils courberent la pointe où l'appas étoit attaché, & le poiffon trop avide vint s'y accrocher lui-même. Dans la fuite, pour pénétrer plus aifément au fond de l'eau, ils éloignerent du bout de la perche, la pointe recourbée, & cela par le moyen d'un fil, dont une extrémité portoit la pointe courbe & l'ap-pas, & l'autre reftoit attachée au bout de la perche : c'eft ainfi que s'inventa *la Pêche à l'Hameçon.*

La pêche à l'hameçon étoit des plus com-modes ; mais malheureufement bien des poif-fons ne mordent point à l'appas, il fallut avoir recours à d'autres rufes. On imagina des piéges percés à jour, & appropriés à l'élément dans lequel l'on devoit les faire agir, on fabriqua des réseaux, en un mot, on inventa *la Pêche aux Filets*. Peut-être les araignées, en établissant dans l'air les piéges qu'elles tendent aux moucherons, apprirent aux hommes à en présenter de pareils aux poissons. Leurs toiles sont de véritables rets, que les courans de l'air traversent aisément, mais qui arrêtent les moucherons qui voltigent dans ce fluide. D'après cette image, il ne falloit pas un grand effort, pour imaginer la pêche aux filets. Au surplus, ce ne seroit pas ici la seule circonstance où l'instinct des animaux eût éclairé la raison de l'homme.

Enfin, ceux qui habitoient les bords de l'Océan & des embouchures des rivieres qui s'y dégorgent, observant que dans le flux, la mer prenoit beaucoup de terrein, qu'elle abandonnoit ensuite dans le reflux, sentirent bientôt qu'ils devoient tirer avantage de ce mouvement alternatif des eaux. Considérant dans le tems de la haute mer, que les bords de son bassin, qu'elle couvroit alors, seroient bientôt à sec, ils conçurent qu'en y établissant des clôtures percées à jour assez pour laisser couler l'eau, mais trop peu pour laisser passer toute autre chofe, le poiffon que la mer y dépoferoit dans le tems du flux, refteroit à fec quand elle feroit retirée. Ils conftruifirent donc ces ef- péces d'enclos, & c'eft ce qu'on appelle *Parcs ou Pêcheries*.

Pêches à la main, aux fichûres, à l'hame- çon, aux filets, aux parcs, en tout cinq claffes, auxquelles peuvent fe rapporter toutes les pê- ches qui fe pratiquent, même dans les Mers étrangeres.

ARTICLE PREMIER.

Pêches à la main.

LE même esprit d'invention qui a fait trouver chaque genre de pêche, en a aussi fait
trouver les espéces différentes, suivant qu'il se
présentoit différens besoins, ou qu'on imagi-
noit différens avantages. Nous allons suivre,
autant qu'il nous sera possible, tous ces or-
dres d'invention.

Tant qu'on ne pêcha qu'à la main, les habitans des bords de l'Océan eürent bien plus
d'avantages que les autres. La Mer en se retirant, leur découvroit une grande étendue de
terrein, ici des plaines sabloneuses & mar-
neuses, là des fonds de roche & de galet, par-
tout cent sortes de coquillages, & souvent même des poissons. Ils alloient donc sur ces rivages féconds, cherchant leur nourriture, &
toujours y trouvant de nouveaux alimens.

Bientôt ils s'apperçurent que certains poiss-
sons, & même certains coquillages, s'enfouïs-
soient en quelque sorte, quand ils sentoient,
au tems du reflux, que l'eau alloit leur manquer, & restoient ainsi cachés sous les sables,

jufqu'à ce que la marée fuivante vînt les rejoindre & les dégager. On imagina donc des
inftrumens propres à remuer les fables & à découvrir ces poiffons. De-là l'ufage des bêches,
des fourches, des rateaux, des herfes, &c. On
fouit, on remua, on laboura les fonds, le coquillage fut découvert, & le poiffon troublé
dans fa retraite, fortit des fables en bon-
diffant.

Dans l'eau, la pêche à la main ne pouvoit
être que pénible, & peu féconde. Ceux qui habitoient les bords des rivieres, des lacs & de
ces mers tranquilles, qui infenfibles aux mouvemens alternatifs de l'Océan, ne montrent
jamais la moindre partie des fonds qu'elles couvrent; ceux-là, dis-je, furent fans doute les
premiers qui fe hafarderent à entrer dans
l'eau, pour y reconnoître & cueillir ce qu'elle
tenoit caché.

C'eft à ces premiers effais que nous devons
cette pêche finguliere du poiffon plat à arête,
qui fe pratique quelquefois à l'embouchure de
certaines rivieres, & dont l'origine remonte à
la plus haute antiquité. On s'apperçut dans
les endroits où l'eau étoit claire, peu profonde
& couloit fur un fond affez mou pour prendre
l'impreffion des pieds de ceux qui y marchoient,

& affez ferme pour garder ces impreffions pendant quelque tems, on s'apperçut, dis-je, que le poiffon plat qui, pour fe repofer, cherche les endroits les moins expofés aux efforts des courans, s'étendoit & fe cachoit affez fouvent dans ces traces. Il n'en fallut pas davantage ; on fe mit à l'eau, on marcha à droite, à gauche de toute part, & affez loin ; on revint enfuite fur fes pas, & l'on prit à la main le poiffon qui s'étoit réfugié dans les traces qu'on avoit laiffées fur les fonds.

Quand il fe préfente de nouveaux objets d'entreprife, on commence par entrer en défiance, enfuite on fe hazarde, on finit par être téméraire. Les hommes accoutumés à marcher & agir dans l'eau, examinerent les efforts & les mouvemens du poiffon, & effayerent de l'imiter. Peu à peu ils apprirent à fe foutenir fur la furface de l'eau, à nâger, à plonger : Bientôt on les vit aller faire des recherches jufques dans la profondeur des Mers. Dans la fuite, l'induftrie fubftitua à ces recherches téméraires, des moyens plus efficaces & moins dangereux ; & de ces dernieres pêches, (je veux dire de celles qui fe font à la main fous les eaux) il ne refte aujourd'hui que celle des perles. Toute dangereufe qu'elle eft, le luxe l'a fi bien

encouragée,

encouragée, qu'elle se pratique encore tous les jours.

Parmi nous, une sage politique a interdit toute pêche marine à quiconque n'est pas Pêcheur de profession; ou plutôt elle permet indifféremment la pêche à toute personne, mais quiconque s'en occupe, elle le regarde comme Pêcheur, & en tire parti dans le besoin. Ainsi on ne voit que des Pêcheurs de profession aller à la mer avec des bateaux, des filets, des hameçons & autres instrumens de ce genre. Mais les pêches à la main, dont nous venons de parler, sont ouvertes & libres : on a seulement défendu de troubler & remuer les fonds, pour causes dont nous parlerons dans la suite. Chacun peut donc pêcher à la main, sans que, pour cela, il soit censé pêcheur. Comment auroit-on pu gêner, en aucune maniere, des gens qui dans leur besoin vont recueillir ce que la Mer leur abandonne si libéralement ? La politique même, bien loin de porter atteinte à cette liberté, a les plus fortes raisons pour la maintenir. Combien de familles répandues le long des côtes, & réduites à l'indigence, trouvent dans ces fortes de pêches une ressource dont elles ne peuvent se passer ; & de ces familles, combien ne sortent pas de Laboureurs,

D

de Matelots, de Soldats, &c ? Quiconque inf-
pirera à ceux qui ont le pouvoir en main, des
fentimens contraires, manquera à l'humanité,
& par conféquent ne pourra s'appuyer que fur
de faux principes.

On peut diftinguer les Grêves en deux por-
tions, en deux bandes paralléles; l'une que la
Mer couvre & découvre tous les jours, & qui
eft la plus proche des terres; l'autre que la Mer
ne laiffe à fec que dans les grandes marées, &
qui eft la plus éloignée du rivage. Celle-ci,
quand elle fe découvre, n'eft que peu d'heures
fans eau; la Mer ne l'abandonne que vers la
fin du reflux, & la regagne bientôt. Celle-
là n'eft que peu d'heures couverte d'eau; là
Mer ne s'y jette que vers la fin du flux, & ne
tarde pas à s'en retirer. On conçoit que des
productions que l'eau fait éclorre, & nourrit, doivent fe trouver bien moins abondamment dans
la derniere où l'eau manque prefque toujours,
que dans l'autre où l'eau ne manque prefque
jamais. Auffi dans les foibles marées où peu de
terrein fe découvre, il n'y a pas, à beaucoup
près, autant à recueillir, que dans les fortes
marées, où la feconde bande devient acceffible.
A proportion qu'on fçait qu'il y a plus ou moins
de fruit à retirer, il defcend, des terres à

la Mer, plus ou moins de monde. On ne peut dire combien il en arrive vers le tems des équinoxes, fur-tout vers le tems de la marée qu'ils nomment le flot de Mars. C'eft un fpectacle, que de voir alors les rochers fourmiller d'hommes & de femmes occupés à les dépouiller de tout ce que la Mer y dépofe de comeftible. Ces alimens, qui n'ont d'autre propriétaire que celui qui le premier fe préfente pour les recueillir, rappellent ces premiers tems où les hommes heureux, autant par le petit nombre de befoins, que par la facilité d'y fatisfaire, trouvoient par-tout ce qui leur étoit néceffaire, & ne trouvoient nulle part perfonne qui leur dit, *ceci eft à moi.*

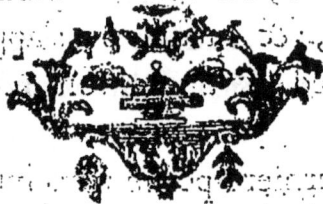

ARTICLE SECOND.

Pêches aux Fichures.

LA pêche aux fichures se fit d'abord à vue; c'est-à-dire qu'on dardoit le plus promptement qu'il étoit possible, le poisson qui se trouvoit à portée. Ensuite on fit cette pêche au tact des pieds. Car comme on étoit pour l'ordinaire obligé de se mettre à l'eau, on s'étoit apperçu que dans certains endroits, par exemple, dans l'embouchure des Rivieres, on marchoit souvent sur des poissons du genre des plats à arêtes, qui pour l'ordinaire, s'étendent & se reposent sur les fonds. On se mit donc à l'eau, on marcha pieds nuds de côté & d'autre, & quand on s'appercevoit qu'on avoit le pied sur un poisson, on s'arrêtoit, on le perçoit.

Cette derniere pêche n'exclut pas la premiere; on peut, tantôt atteindre le poisson qu'on sent sous le pied, & tantôt celui qu'on apperçoit à l'œil; outre cela elle a l'avantage d'être praticable dans quelque tems que ce soit. L'eau n'est pas toujours calme & transparente au

point de laisser appercevoir les fonds , il est
rare qu'elle le soit assez pour permettre de
discerner les objets ; alors celle des pêches
aux fichures qui se fait à l'œil , ne peut avoir
lieu ; mais bien celle qui se fait au tact des
pieds. Il y a plus, l'eau supposée assez transparente , la pêche à l'œil n'est rien moins que sûre
à l'égard du poisson plat , presque le seul qui
se prenne à cette pêche. Outre que la couleur de ces sortes de poissons approche fort
de celle des fonds qu'ils fréquentent & que
l'œil a souvent peine à les discerner ; ils ont
encore pour l'ordinaire la précaution, au moment où ils veulent se reposer , de s'agiter
fortement & de battre les sables & le limon;
il s'en forme un nuage obscure au milieu duquel ils s'affaissent & restent tranquilles; le sable
& le limon retombent & les couvrent, on ne peut
plus les appercevoir. Peut-être en effet, pren-
nent-ils ces mesures pour se dérober à la vue,
peut-être est-ce dans le dessein d'empêcher par
cette couche de matiere , l'impression qu'ils
auroient à essuyer du frotement des eaux plus
ou moins agitées ; il est toujours certain que
l'œil s'y trompe , mais le tact des pieds les
décele.

Soit à l'œil foit au tact, la pêche aux fichures traîne en langueur & eft d'un petit rapport. On prit le parti, furtout quand on eut trouvé l'ufage des batteaux, de la faire au hafard. On vogua fur l'eau, dardant à droite à gauche, attrapant quelquefois du poiffon & fouvent rien. Cette pêche auroit pu autrefois être fructueufe ; dans l'état où font les chofes aujourd'hui, elle ne peut être que fatiguante.

L'inftrument dont on fe fervit pour ces fortes de pêches n'eut d'abord qu'une pointe ; dans la fuite on y en ajouta une autre, & ce fut une fourche ; on y en ajouta une troifiéme & ce fut un trident. Enfin on multiplia les pointes jufqu'à fix, huit, dix, &c.

Dans l'origine, ces pointes furent unies, puis on les fit barbelées comme l'armure de la plupart des fléches. Quelques-uns les applatirent dans toute leur longueur & découpant les bords, y firent des dents dont la pointe étoit tournée du côté du manche. Par ces différens moyens, on étoit plus fûr du poiffon qu'on avoit dardé, & qui, avant qu'on prît ces précautions, fe débatoit fouvent au point de fe dégager du dard qui l'avoit percé. Prefque tous ces inftrumens ont paffé jufqu'à nous, auffi bien que les manœuvres qu'on observe quand on en fait usage.

Les fichures dont on pourroit se passer à bien des égards, deviennent nécessaires vis-à-vis des poissons d'une grosseur énorme, tels que sont la plupart des cétacés; par exemple, on ne prend point autrement les Baleines. Mais si l'on se servoit des fichures ordinaires pour darder un poisson de ce volume, que deviendroit l'instrument, le pêcheur, le bateau & l'équipage ? On fabriqua une forte & longue pointe de fichure, une espéce de grand javelot, ou pour nommer les choses par leur nom, un harpon, & au lieu de manche on l'attacha à un petit cordage. La Baleine atteinte au vif par ce grand javelot, plonge, reparoît, s'enfuit, s'agite de toute maniere. On céde à ces mouvemens impétueux, on lâche le cordage, on le laisse filer à proportion que la Baleine s'écarte. Bientôt ce poisson monstrueux épuisé par la douleur, la perte de son sang qui coule de sa blessure & les violens efforts qu'il a faits, vient expirer à la surface de l'eau; l'équilibre au surplus supplée aux forces, on l'attire aisément.

La pêche au harpon ne se pratique point dans

la Manche à l'égard des Baleines, cette Mer n'en nourrit point. Celles qui s'y rencontrent quelquefois, font des Baleines expatriées qui viennent des Mers du Nord & s'égarent jusqu'à nous. On l'a quelquefois faite pour prendre une autre espéce de cétacé. Celui-ci n'est malheureusement que trop commun dans nos Mers, & la chasse qu'on lui fait, trop rare. Nous en parlerons ailleurs.

ARTICLE III.

Pêches à l'Hameçon.

LA pêche à l'hameçon, quand on tient à la main la perche qui porte la ligne & l'appas, demande pour l'ordinaire trop de patience. Il faut que le pêcheur soit presque toujours immobile & sans cesse aux aguets : il s'en ennuia bientôt & détachant le fil de l'extrémité de la perche, il l'accrocha sur le bord des Rivieres, ou l'arrêta sur les fonds à la marée basse, quand il pêchoit à la Mer. Ces lignes ainsi assujetties furent abandonnées au hasard, & on ne venoit les visiter qu'au bout de quelques heures, souvent on attendoit le lendemain. Il est vrai que dès qu'un poisson étoit pris à l'une de ces lignes, elle devenoit inutile jusqu'à ce qu'on vînt la relever, ôter le poisson & mettre un nouvel appas. Mais on compensa cet inconvénient, par le grand nombre de lignes qu'on mettoit à l'eau.

Quand sur les fonds fertiles on faisoit la pêche de certains poissons qui nagent en troupe & mordent avidement à l'appas, sans user de perches, on attacha les extrémités des lignes de côté & d'autre aux bords du bateau, & fans interruption on les relevoit l'une après l'autre, on ôtoit le poiffon, on remettoit une amorce, on replongeoit.

C'eft ce qui fe pratique, par exemple, à la pêche de la Morue. Cet animal multiplie prodigieufement,& en même tems eft vorace au point qu'il mange ceux même de fon efpéce ; deux chofes que la nature réunit affez fouvent. Si les Morues ne fe faifoient pas la guerre entre elles, il s'en produiroit trop, & beaucoup de familles d'aquatiles feroient en danger d'être détruites. S'il ne s'en engendroit pas en grande quantité, leur efpéce feroit en danger d'être détruite elle-même. Elles font fi ardentes à la proie, qu'au moment où le pêcheur relève fa ligne, il arrive fouvent qu'une Morue fe jette à celle qui eft prife à l'hameçon & s'y acharne fi fort qu'elle fe laiffe quelquefois prendre avec elle. On va dans les Mers d'Amérique, chercher les Morues fur des fonds où ces poiffons fourmillent, qu'on juge par leur nombre & leur avidité de l'abondance de la pêche. Le pêcheur pourvu à droite & à gauche de deux lignes attachées aux bords de fon bateau n'eft occupé qu'à plonger fucceffivement l'une & relever l'autre ; fes forces font épuisées & ses provisions faites, que le poisson continue toujours de se présenter en foule.

Dans les commencemens autant qu'on employoit d'hameçons, autant on employoit de lignes, cela devenoit incommode à bien des égards. On divisa la ligne en plusieurs rameaux, au bout de chaque rameau on mit un hameçon, & on chargea ainsi une seule ligne de plusieurs hameçons.

C'est ainsi que se fait dans certains parages, celles des pêches du Maquereau, qu'on appelle pêche au libouret. On jette à la Mer des paquets de lignes, qui dans l'eau se distribuent comme le tronc d'un arbre, en un grand nombre de branches; chaque branche se distribue en un grand nombre de rameaux, & chaque rameau est garni d'un hameçon. Par ce moyen on peut prendre d'un seul jet de ligne, une très-grande quantité de poisson. Cette pratique devenoit nécessaire dans la pêche dont il est question. Deux ou trois hameçons ne sçauroient occuper aussi fructueusement un pêcheur de Maquereau, qu'un pêcheur de Morue. D'un autre côté, le Maquereau ne court pas aussi avidement à l'appas que la Morue, & de plus la valeur intrinseque de celle-ci est bien plus considérable. Il falloit donc, en conséquen-

ce de sa moindre avidité, présenter au Maquereau un plus grand nombre d'hameçons ;
& pour compenser sa moindre valeur, essayer
d'en prendre une plus grande quantité. Outre
cela ces poissons sont passagers & vont en troupes ; on n'en rencontre pas toujours, & quand
on en rencontre, il faut profiter du moment ;
c'est une nuée qui passe. On tenta la voie dont
je viens de parler, & l'on réussit.

Suivant les différens endroits où l'on avoit
à faire la pêche à l'hameçon, on fut encore
obligé d'en varier la manœuvre. Sur une corde
longue de deux ou trois cents brasses, on plaça
de cinq pieds en cinq pieds, une ligne avec son
hameçon. A l'un des bouts de cette corde, on
attacha une grosse pierre ; on jetta cette pierre
à la Mer, & ensuite le reste de la corde, en
s'éloignant en droite ligne ; & on pêcha ainsi
à l'hameçon dans la profondeur des Mers.
D'autres garnirent cette corde, de distance en
distance, de corps assez légers pour la faire
surnager. D'autres enfin attacherent cette même
corde sur le haut d'une rangée de piquets
qu'ils avoient plantés sur le rivage dans le tems
de la basse eau. De ces trois dernieres sortes
de pêches à l'hameçon, la premiere va sous
l'eau, & en pleine Mer, chercher les poissons

qui ne s'élevent que rarement, & nagent presque toujours à peu de distance des fonds ; tels sont les Raies, les Turbots, les Plies, & généralement toute espéce de poisson plat. La seconde présente l'appas aux poissons qui s'élevent & nagent, pour l'ordinaire, vers la surface des eaux, comme la plûpart des poissons ronds. La troisiéme arrête les poissons littoraux, ou ceux de pleine Mer, qui quelquefois s'approchent des côtes.

Ainsi varia dans la forme, cette pêche toujours la même dans le fond.

ARTICLE IV.

Pêches aux Filets horisontaux.

L'Idée la plus simple qui pût se présenter aux Inventeurs des filets, fut de glisser un plan de réseau au deslous du poislon & ensuite de le relever subitement. Mais voyant que souvent ils n'en rapprochoient pas les bords avec aslez de célérité pour que le poislon ne pût échapper, ils donnerent un peu de profondeur à ce plan, & par degrés lui en donnérent tant, qu'enfin le filet ne fut plus un plan, mais plutôt une chausle. Réseau en plan, réseau en chausle, deux sortes de filets primitifs, qui dans la suite des tems & par leurs modifications différentes, ont donné origine à tous ceux que nous avons aujourd'hui entre les mains.

On donna une forme quarrée au réseau en plan, on en attacha les quatre angles aux extrémités de deux demi-cercles de bois qui se croisoient au bout d'une longue perche, & ce filet se nomma carreau. La manœuvre de la pêche au carreau est simple; on baisle la perche, le filet plonge & s'étend sur le fond;

laiſſé quelques minutes , retiré enſuite , il rapporte le poiſſon qui s'eſt trouvé ſur ſa ſurface au moment où on l'a relevé.

Dans la ſuite on donna une très-grande étendue au carreau & au lieu de perche , on l'attacha à un cordage qui paſſoit dans la poulie d'une eſpéce de grüe, au moyen de laquelle on baiſſa & on releva le filet avec facilité. Mais cette pêche n'eſt praticable que ſur le bord des Rivieres & de leurs embouchures , quand elles ſont étroites.

Aux côtes de Languedoc , à un grand filet horiſontal on ajouta des chaſſes, c'eſt-à-dire, qu'on l'entoura de différens autres filets , non pour prendre le poiſſon , mais pour le diriger vers le filet horiſontal , principale piece de tout l'appareil & qui forme ce qu'on appella la chambre de mort. On voit que je parle ici des Madragues. Je n'en ferai point la deſcription , ce ſeroit trop inſiſter ſur une pêche qui ne ſe pratique dans aucun des parages de nos Mers occidentales.

Le carreau n'emporte en ſe relevant que le poiſſon qui eſt venu ſe placer ſur ſon tiſſu. C'eſt pour cela qu'on le laiſſe quelque tems dans l'eau pour donner au poiſſon le tems d'approcher. Cela devient long & le fruit qu'on

en retire n'eft ordinairement point capable
d'en dédommager. Si un filet horifontal, au
lieu d'enlever ce qui fe trouve fur fon tiffu,
recueilloit ce qui fe trouve au-deffous & fur
les fonds au moment où il s'y déploie, la manœuvre deviendroit prompte & la pêche plus
abondante; un pareil filet pourroit fe jetter
& fe relever immédiatement après. C'eft ce
qu'on a exécuté dans l'épervier, filet fi fort
d'ufage dans les Rivieres & à leurs embouchures. Imaginez un réfeau circulaire, garni
tout autour de bales de plomb & attaché par
le centre à un cordon affez long. On lance ce
filet de maniere qu'à fa chute il s'épanouiffe
fur la furface de l'eau & tombe au fond fans
fe pliffer. On conçoit que tout le poiffon qui
fe trouve deffous, y refte enclos & empri-
fonné. Pour lors on tire à foi le cordon, le
centre du filet s'éleve, les bords chargés de
plomb fe rapprochent en gliffant fur le fond
& fans le quitter. Par cette manœuvre les
poiffons qui trouvent de l'obftacle de tous côtés fe rapprochent auffi & fe concentrent; bientôt toutes les bales de plomb fe touchent &
le poiffon fe trouve pris comme dans un
fac.

Le carreau fe fait trop attendre & n'eft pas
d'un

d'un grand rapport. L'épervier n'améne que
certains poiſſons, le poiſſon plat, par exemple lui échappe. On eut recours à d'autres manœuvres. Au lieu de préſenter horiſontalement
le réſeau en plan, on eſſaya de le préſenter
obliquement. Le pêcheur ſe mit donc à l'eau
& déploya au-devant de lui une piece de filet
aſſujettie à droite & à gauche ſur deux bâtons
de ſept à huit pieds de long, au moyen deſ-
quels il tendit ſon filet de maniere qu'il cou-
pât obliquement le courant de l'eau. Dans cette ſituation, ſi quelque poiſſon vient à frapper
le réſeau le pêcheur s'en apperçoit à l'impreſ-
ſion que ce choc, tout léger qu'il eſt, fait
paſſer juſqu'à lui. A l'inſtant il rapproche les
deux bâtons l'un de l'autre, le filet ſe plie
en deux & le poiſſon ſe trouve enfermé. On
donna à cet inſtrument le nom de haveneau,
mais il eſt connu ſous beaucoup d'autres.

Le haveneau a un inconvénient, c'eſt que,
ſans parler de la manœuvre qui eſt fatigüante, il
arrive quelquefois qu'on ne le replie pas avec
aſſez de promptitude; pour lors, le poiſſon in-
quiété par les mouvemens qui ſe paſſent autour de lui, ſe porte rapidement de côté & d'autre, & enfin s'évade. On conçut que ſi ce filet, au lieu de former un plan, formoit une

E

longue poche, la pêche en deviendroit moins
difficile & plus fûre, que le poisson s'enfonceroit
dans cette poche, & que pour s'en assurer & lui
fermer toute issue , il ne resteroit qu'à soule-
ver le filet & mettre l'embouchure au-dessus de
la surface de l'eau. C'est ce qu'on exécuta dans
le boutoir ou bouteux ; & telle fut probablement la premiere origine du genre de filets
dont nous allons parler dans l'article suivant.

ARTICLE V.

Pêches aux Filets en chauſſe.

LE boutoir eſt donc, ſelon toute apparence, le premier filet en forme de chauſſe, dont on ait fait uſage. Une partie des bords de ſon embouchure s'éleve pour l'ordinaire en demi-cercle ; l'autre eſt arrangée en ligne droite & porte ſur les fonds. L'une & l'autre eſt aſſujettie ſur une traverſe de bois, qui ſe prolonge & ſert de manche à l'inſtrument. Quand avec ce filet on fait la pêche dans le courant d'une riviere, le pêcheur reſte immobile. La raiſon en eſt ſimple, l'eau qui coule lui améne le poiſſon & le dépoſe dans ſon filet. Mais quand on fait cette pêche dans une eau qui ne coule point ou coule lentement, comme ſur les bords de la Mer, on ſent combien elle ſeroit infructueuſe ; le filet reſtant en place, ce ſeroit un pur haſard ſi quelque poiſſon venoit s'y jetter. Il fallut donc que le pêcheur mît ce tiſſu en mouvement & le fît avancer devant lui, ſans s'arrêter. C'eſt ainſi qu'il alla chercher dans les eaux de la Mer, le poiſſon que le courant lui amenoit quand il pêchoit à

E ij

l'embouchure de quelques Rivieres. On trouva
encore en cela un autre avantage ; c'eft que
le bord inférieur de l'embouchure du boutoir,
en gliffant fur les fonds , déplace le poiffon
plat qui s'y repofe & qui alors ne manque
prefque jamais de fe jetter dans le boutoir.

Les chauffes de réfeau dont nous venons de
parler, & autres de ce genre , demandent la
préfence du pêcheur. Une feule occupe un homme , & aucune n'eft d'un rapport bien confidérable. Ce ne fçauroit être que lorfqu'un pêcheur ne peut s'employer d'ailleurs plus utile-
ment, qu'il fait ces fortes de pêches. D'un
autre côté , on fentoit bien qu'on ne retiroit
pas de ce genre de réfeau tout le parti poffible. On chercha d'abord à donner aux chauffes
une forme & une fituation à pouvoir opérer
feules & arrêter le poiffon fans le fecours du
pêcheur. La première attention qui fe préfen-
ta fut que plus une chauffe auroit de longueur,
plus elle feroit fûre. Le poiffon qui s'engage
dans ces fortes de poches., trouvant de la réfiftance à l'extrémité , peut rebrouffer chemin
& fortir fi la poche n'eft pas affez profonde,
fi ce chemin eft trop court. Mais fi la chauffe
a une certaine longueur, le poiffon oublie bientôt fur fa route , l'obftacle qu'il a trouvé, il

s'arrête à jouer en nageant & retourne incon-
sidérément vers le fond. Sur quoi il faut observer que tout poisson qui s'engage dans quelque filet que ce soit, est d'abord effrayé si vi-
vement & fait des efforts si violens pour vaincre l'obstacle qu'il rencontre, que souvent il
meurt ou tombe dans un état de langueur &
d'épuisement qui approche de la mort. Les
pêcheurs regardent cet état comme une yvresse,
& disent que le poisson s'enyvre dans le filet. Un
poisson qui ayant donné dans une chausse, résiste au premier choc qu'il éprouve & se retire vers l'embouchure, comme pour sortir,
s'il rebrousse chemin & va une seconde fois
heurter contre le fond, ne manque guere de
s'y enyvrer tout-a-fait & d'y périr. Le courant de l'eau qui l'emporte ne contribue pas
peu à sa perte, soit en le faisant heurter avec
plus d'impétuosité contre l'obstacle qu'il trouve dans le guideau, (nom qu'on donne à
ce genre de filet,) soit en l'obligeant à y retourner en cas qu'il revînt & essayât contre
le fil du courant de sortir de la chausse. Car
on conçoit bien que cette chausse mise en
place & abandonnée à elle-même, doit se trouver dans un courant qui lui améne le poisson; sans
quoi elle pourroit bien rester des semaines en-

E iij

tieres sans rien arrêter. Aussi n'établit-on ce filet que dans les Rivieres ou dans les courans dont les grêves se trouvent quelquefois coupées.

Le guideau a un défaut, surtout quand il est établi dans des courans dont l'eau est sujette à être agitée à certain point. Pour lors les parois de ce filet sans cesse éloignées, rapprochées, balotées en toutes manieres ne restent presque jamais dans une situation favorable à l'entrée du poisson. On chercha donc le moyen de soutenir de toutes parts ces parois, & l'on y réussit en y inférant des cerceaux de bois de distance en distance. Le guideau prit alors le nom de verveux ou verveau.

L'un & l'autre ne peuvent arrêter que ceux des poissons qui en suivant le fil du courant où la chausse est établie, se trouvent dans la colonne d'eau qui y répond. Un peu plus loin à droite, un peu plus loin à gauche, le passage est libre. Pour obvier à cet inconvénient, à chaque bord latéral de l'embouchure du verveux, on attacha une piece de filet de la hauteur de l'embouchure même & longue à volonté, qu'on étendit de chaque côté, en la fixant sur des piquets, de maniere que les deux pieces faisoient

avec l'entrée de la chauffe , un angle plus ou
moins obtus. Le poiffon qui auroit paffé à côté
de la chauffe, rencontre ce filet qu'il ne peut
traverfer , le cotoye & donne dans le piége. On donna à tout l'appareil le nom de
tonnelle. C'eft comme on voit , un filet de
trois piéces, deux lui fervent de bras qu'il étend
pour fe faifir du poiffon qui fe trouve aux environs.

Je ne fçais fi les chaffeurs ont emprunté du
pêcheur , certains inftrumens , ou fi celui-ci
les tient de ceux-là ; il eft toujours certain que plufieurs filets ont paffé des uns aux autres , telle eft la tonnelle : entre les mains du
pêcheur elle arrête des poiffons , entre les mains
du chaffeur elle arrête des oifeaux.

Les bras de réfeau dont nous venons de
parler , dirigeoient dans la chauffe , tout poiffon qui fe préfentoit à leur portée ; pour donner
à cette pêche le dernier point de perfection dont
elle fût fufceptible, il ne reftoit qu'à mettre
le poiffon une fois introduit , dans l'impoffibi-
lité de fortir. Pour cela, on imagina d'introduire dans cette chauffe une autre chauffe , mais
beaucoup plus petite : les bords de l'embouchure de celle-ci font attachés aux bords de l'embouchure de l'autre , elle a la même forme ,

E iv

mais n'est point complette, elle est ouverte à
son extrémité, de maniere qu'elle laisse passer librement le poisson qui se présente. Au
sortir de celle-ci, le poisson entre dans l'autre & ne peut plus s'esquiver : car pour cela
il faudroit qu'il repassât par l'extrémité de la
petite chausse par laquelle il est entré,& le poisson qui nage & se débat dans la grande chauf-
se ne sçauroit guére prendre & garder la direction qu'il faudroit pour enfiler cette ouverture & passer outre.

Toutes ces différentes chausses ne peuvent
s'établir que dans les rivieres peu profondes, ou
sur les grêves, aux endroits que l'abaissement
des eaux rend praticables au tems du reflux. Cependant on conçut qu'un filet de ce genre qui
traîneroit sous l'eau sur un fond uni, sur un
fond de sable, par exemple, recueilleroit tout
le poisson qu'il trouveroit sur sa route. On fabriqua donc une grande chausse, on l'assu-
jettit à un ou plusieurs cordages, dont on attacha l'autre extrémité à un bateau ; on mit à
la voile, la chausse au fond de l'eau obéit au
mouvement du bateau, en quelque sorte on ba-
laya les Mers. La partie de l'embouchure de la
chausse qui porte sur le sable, s'arrange en ligne droite, tantôt sur une corde mince garnie

de plomb & fortement tendue , tantôt fur une traverfe de bois , & quelquefois fur une lame de fer. Ces chauffes font connues fous le nom de drague , dranguille , chalut , &c.

On doit rapporter aux réfeaux en poche, les inftrumens dont on fe fert pour pêcher les Huîtres & les Moules. Les premieres s'appellent drages aux Huîtres ; les feconds , rateaux à Moules. Les Huîtres vivent en tas au fond de l'eau , où elles s'attachent fortement les unes aux autres. Pour les détacher , on fe fert d'une grande lame de fer ; & pour recevoir ce qu'elle détache , on emploie un fac de réfeau qui fuit la lame. Tout l'appareil eft traîné fur l'huitriere par un bateau à la voile.

Comme les Huîtres , les Moules s'entaffent au fond de l'eau & s'attachent les unes aux autres. Mais les maffes qu'elles forment font comme enfevelies dans une matiere terreufe, & limoneufe, l'inftrument le plus commode pour les détacher, c'eft un rateau, qui, comme la lame dont nous venons de parler , dépofe dans un fac de filet les Moules qu'il détache des fonds. Ailleurs nous parlerons plus au long de ces deux dernieres pêches.

Nous rapporterons encore à la claffe des filets en chauffe , ces inftrumens qu'on plonge

au fond de l'eau sur des fonds de roches, pour
prendre des Homards, des Crabes & autres rocailles. Ce sont des espéces de cages ou de paniers faits avec des tiges d'osier , & tellement
fabriqués qu'ils laissent une entrée libre, & ne
permettent plus de sortir à ce qui s'est une
fois introduit. C'est en grand , ce qu'une sou-
riciere de fil d'archal est en petit. Il en est de
plusieurs sortes & quelques – uns s'emploient
pour certains poissons. On les appelle nas-
ses , paniers , bouraques , boisseaux , bouteilles , &c.

Tel est l'usage qu'on a tiré jusqu'à ce jour
des filets en chausse, & de ceux qui se tendent
horisontalement. Si l'on en excepte les chausses
qui se traînent au bateau, la pêche des Huîtres,
& les Etaliers, ce sont toutes petites pêches ;
les grandes se font avec les filets verticaux
dont nous allons parler.

ARTICLE VI.

Pêches aux Filets verticaux.

LES pêcheurs ne purent long-tems faire usage des réseaux, sans s'appercevoir que certains poissons ronds, comme le hareng, sont tellement conformés qu'ils se trouvent arrêtés & comme liés quand ils rencontrent des filets, dont la maille assez grande pour laisser passer un peu plus que la tête du poisson, est trop petite pour laisser passer le reste du corps. Ils présenterent donc verticalement à ces poissons, des filets à la maille desquels ils avoient donné la grandeur proportionnelle requise. Quand le poisson vient au filet, il passe la tête dans une maille, mais à peine a-t-il fait un effort pour aller outre, qu'il ne peut plus ni avancer, ni reculer, le passage est trop étroit pour avancer & la maille qui le serre l'empêche de reculer ; car dans l'effort qu'il fait pour revenir en arriere, il se trouve arrêté par le couvercle de ses ouies qui s'acroche au fil de la maille, & plus souvent encore par ses nageoires qui se redressent & en quelque sorte se hérissent.

Les pêcheurs observerent encore que certains autres poissons, comme les Raies, ne s'emmailloient point comme ceux dont nous venons de parler, mais se débatoient quelquefois dans le filet qu'ils rencontroient, au point que s'y trouvant empêtrés & enveloppés, ils ne pouvoient plus s'en retirer. Il ne s'agissoit point ici de donner aux mailles cette grandeur précise pour serrer & embrasser étroitement tel poisson ; il n'étoit question que de les faire assez petites proportionnellement aux Raies, par exemple, pour ne pas donner passage ; au reste, plus les mailles étoient grandes, sans l'être trop, plus le filet avoit de jeu, plus le poisson s'y emprisonnoit avec facilité.

Mais, & le poisson qui court à l'appas, & celui qui s'emmaille, & celui qui s'enveloppe dans le filet & celui qui ne se prend en aucune de ces manieres, tous peuvent se prendre dans les chausses simples ou composées. Qui auroit trouvé le moyen de présenter au poisson plusieurs rangées de poches, entassées les unes sur les autres, auroit donc trouvé la pêche la plus universelle ; je veux dire, relative à un plus grand nombre de poissons. Malheureusement la chose n'étoit point praticable. On fit mieux, on chercha le moyen de composer un filet, qui fans faire actuellement aucune poche ni chauffe, pût en former une dans l'inftant & à l'endroit même où le poiffon feroit effort pour le traverfer. Pour cet effet, on fabriqua deux filets égaux, affez longs, médiocrement hauts & dont la maille étoit fort grande. Entre ces deux filets, qu'on nomme hameaux, on en plaça un autre plus long, plus haut & dont les mailles étoient beaucoup plus étroites. On le pliffa & on le rapprocha en tout fens, de maniere que de toutes parts les bords des trois filets fe joignoient. Celui du milieu à mailles étroites s'appella nappe ou flûe; on affujettit la tête, les pieds & les côtés de ces refeaux, & des trois on n'en fit qu'un feul auquel on donna le nom de tramail. Quand le tramail eft tendu verticalement à la mer, de quelque côté que le poiffon fe préfente, pourvu qu'il fe préfente de front, il paffe par une des grandes mailles du premier filet, rencontre la nappe qui s'oppofe à fon paffage & la pouffe au travers d'une grande maille du troifiéme filet. Cependant cette nappe plus grande que les deux autres refeaux, céde à l'impulfion, forme fous l'effort du poiffon une forte de fac qui paffe au travers de la grande maille du troifiéme filet. Cette grande maille foutient l'embouchure

de cette poche dont le fond se porte en bas &
contient le poisson, qui se trouve arrêté dans
une prison, qu'il s'est fait lui-même. Plus il
redouble ses efforts pour se dégager, plus il
s'engage. Car ses efforts ne font qu'allonger
l'espece de chausse où il se trouve renfermé.

Les filets verticaux, surtout ceux qu'on emploie loin des côtes dans les grandes pêches,
font pour l'ordinaire, composés de plusieurs
piéces rapprochées & jointes par leurs extrémités
latérales. Chaque piéce a quatre à six pieds de
hauteur plus ou moins ; & est longue de dix,
quinze, vingt brasses à volonté. Le filet composé de toutes ces piéces, a souvent trois cens
brasses de longueur & quelquefois beaucoup
plus. Il est telle grande pêche où les filets de
différens pêcheurs établis à côté les uns des autres occupent en mer l'espace de plusieurs
lieues, sur une même ligne.

On conçoit que dès que les filets ont une
certaine longueur, aucun effort n'est capable
de les tenir tendues & d'empêcher que la tête
ne se rapproche des pieds, situation qui rend
le filet inutile. Il fallut donc soutenir la tête
ou le haut d'un pareil filet avec quelque matiere légere qui l'empêchât de s'affaisser. Pour
cela on eut recours aux bois les plus légers &

on en vint au liége auquel on s'en est tenu.

D'un autre côté , le pied des filets trop libre & n'opposant aucune résistance , suivoit
l'agitation de l'eau & souvent s'élevoit & s'é-
tendoit horisontalement sur la surface du courant : autre situation qui rend encore le filet
inepte à arrêter quoi que ce soit. Il fallut donc
forcer le pied des filets à tendre en bas , &
l'on y réussit en le chargeant de matieres pesantes , delà l'usage des pierres & du plomb
dont on garnit les bords inférieurs des filets
verticaux.

Quand les filets furent une fois portés à ce
point , ils ne tardérent pas à varier encore en
bien des manieres, & toujours en se perfectionnant. On voyoit des poissons attroupés qui par
préférence nageoient presque toujours à la surface de l'eau. On en voyoit d'autres qui préfé-
roient le fond ; & d'autres enfin qui gardoient
le milieu entre le fond & la surface : il falloit
des filets qui se tendissent & demeurassent sur
les fonds , d'autres entre deux eaux , & d'autres à la surface. Au moyen du plomb & du
liége & en compensant la pesanteur de l'un par
la légereté de l'autre , on trouva le moyen d'é-
tablir des piéges dans ces trois régions diffé-

rentes. On mit à un filet proportionnellement plus de liége que de plomb, & le filet demeura en état fur la furface de l'eau. À
un autre, on mit proportionnellement plus de
plomb que de liége, & le filet tomba fur les
fonds où il fe foutint droit & vertical. A la
tête d'un filet tel précifément que ce dernier,
on attacha des cordages de diftance en diftance, & à l'autre bout de chacun de ces cordages, des amas de liéges qu'on appelle bouées;
alors le filet tomba à certain point, mais non
jufqu'au fond; les bouées le foutinrent, il ref-
ta entre deux eaux & éloigné de la furface,
précifément de la longueur des cordages à
bouées qui en foutenoient la tête.

La plupart de ces filets furent long-tems
fédentaires, c'eft-à-dire, reftoient à peu-près
au lieu où on les avoit établis. Il ne fe prenoit de poiffon, que celui qui s'y préfentoit
& venoit donner dedans. On conçut qu'en
mettant le filet en mouvement, en le faifant
avancer, & en allant pour ainfi dire au-devant
du poiffon, la pêche en feroit bien plus fructueufe. Sur les bords de la mer on traîna les
filets verticaux à force de bras, ou avec des
bateaux à rame, ou avec des chevaux, &c.

En

En mer on les abandonna au courant de la marée qui les emportoit, ou bien on les traînoit avec des bateaux à la voile.

Nous venons de donner une idée de tous les filets verticaux d'usage dans nos mers. Je n'ai garde d'entrer dans le détail , & de les décrire chacun en particulier ; ce seroit ennuyer le Lecteur, sans l'instruire de rien d'essentiel. J'en citerai seulement quelques-uns du nombre de ceux dont l'usage est le plus fréquent & qui semblent mériter une attention particuliere ; tels sont les haranguieres , les manets , les sardinales , les folles, la dreige.

J'appelle en général haranguieres, tout filet propre à la pêche du Hareng. Jadis les Harengs ne s'écartoient guéres des Mers de Norvége. Maintenant , dans les longs voyages qu'ils font , ils entourent les Isles Britanniques. Les premieres chaleurs les attirent du fond des Mers septentrionales, & vers le solstice d'été ils paroissent sur les côtes d'Ecosse. Ils cotoyent ce Royaume , & ensuite entrent vers le mois d'Octobre dans la Manche où ils se répandent au large & demeurent jusqu'au commencement de l'hiver ; ils se replient alors & se jettent dans les Mers d'Irlande. Delà, ils retournent à l'Océan Septentrional , où ils restent

F

cachés jusqu'à l'été suivant. Les Harengs nagent par bandes. Il s'en trouve au fond de l'eau,
car dans certains parages des Mers de Caux,
on les pêche vers le mois de Mars, avec des
filets sédentaires sur les fonds. Il s'en trouve
aussi à fleur d'eau ; la plûpart des pêcheurs de
Basse Normandie ne les vont point chercher autre part. Mais par tout ailleurs on les pêche entre deux eaux ; c'est-à-dire, que si l'on imagine
l'eau divisée en trois couches d'égale hauteur,
ce sera dans celle du milieu que le Hareng se
trouvera le plus communément. Les haranguiers
se soutiennent ou à fleur d'eau, par le moyen
du liége qui en allege la tête & soutient le pied ;
où au fond de l'eau, par le moyen des pierres
ou du plomb qui en appesantissent le pied &
emportent la tête, où entre deux eaux, par le
moyen des bouées : nous nous sommes déjà ex-
pliqués sur cette mécanique. Le Hareng s'é-
maille, il faut donc que la grandeur des mailles du filet soit proportionnée à la grosseur du
Hareng. Ce poisson a plus de volume dans les
Mers d'Irlande & en général hors la Manche,
que dans la Manche, où il semble s'amaigrir.
Dans la Manche, la maille des haranguiers a
un peu moins de douze lignes ; hors la Manche,
un peu plus.

Les manets font des filets pour le Maquereau ; les Pêcheurs de Baffe Normandie les nomment maquereaulieres. Le Maquereau eft un
poiffon de toutes les Mers, mais il ne paroît
dans les nôtres que vers les premieres chaleurs de
l'été. Ils nagent par troupes comme les Harengs & fe plaifent dans la haute région de
l'eau, rarement ils s'écartent de fa furface.
Auffi les manets s'établiffent toujours à fleur
d'eau. Comme la groffeur des Maquereaux varie & que telle bande en fournit de plus petits, telle autre de plus grands ; les pêcheurs
font obligés de fe pourvoir de filets, dont les
mailles foient plus ou moins larges. ; quinze lignes en quarré eft leur plus petite mefure.

Les Sardines font encore des poiffons de
paffage. Elles ne s'engagent point dans la Manche, mais cotoyent la Bretagne, depuis les fables d'Olonne, jufqu'à l'ifle d'Oueffant ; là elles traverfent le Canal, féjournent quelque tems
vers les côtes d'Angleterre, & difparoiffent fans
qu'on fçache ce qu'elles deviennent. L'année
fuivante elles recommencent le même voyage,
je veux dire qu'on en revoit de nouvelles familles à Olonne, enfuite à l'ifle d'Oueffant &
enfin aux côtes d'Angleterre. D'abord elles font
fort petites pour la plûpart, elles grandiffent

enfuite affez promptement ; & quand elles traverfent l'embouchure du Canal, elles font prefque toutes auffi groffes que des Harengs. Comme les autres poiffons de paffage, elles fe dif-
tribuent par bandes, mais de maniere que les
petites & les grandes ne fe trouvent point confondues. chacune recherche fes femblables,
& celles qui font à peu près du même volume
vivent en fociété. Il faut donc des filets différens, felon les bandes qui fe préfentent. Auffi
telle fardinale (c'eft le nom quon donne aux
rets pour les Sardines) a feulement quatre lignes en quarré, telle autre en a jufqu'à douze.
Ces filets ne portent point fur les fonds, & le courant de la marée les emporte. Ce qu'il y a de
fingulier, c'eft que pour attirer les Sardines &
les faire donner dans le filet, on eft obligé
de le garnir de différentes fortes d'appas,
chofe qui dans la même pêche ne fe pratique
point dans la Méditerranée. Eft-ce abus ? Et fi
ce n'en eft pas un, d'où procéde cette fingula-
rité ? C'eft la feule pêche aux filets où l'on ufe
d'amorce : l'amorce néceffaire pour les fardi-
nales, feroit-elle inutile à tout autre filet ?

On donne le nom de folles à des filets du
genre de ceux où le poiffon s'empêtre & s'en-
velloppe au point qu'il ne peut plus en fortir.

On les tend au fond de l'eau, affez loin du rivage, dans des parages qu'on connoît féconds en grands poiffons plats, tant à arête que cartillagineux.

La dreige eft un de ces triples filets qu'on appelle tramaux ; celui-ci eft fort long, traîne fur les fonds & fuit le courant de la marée. On y pêche des poiffons plats trop petits pour fe prendre aux folles, & beaucoup de poiffons ronds. Nous nous réfervons à faire ailleurs une defcription détaillée de ces deux dernieres pêches.

Nous avons vu qu'il eft des poiffons qu'on nomme littoraux, qui fixent leur demeure peu loin du rivage, & d'autres qui femblent fuir les piéges dont prefque toutes les côtes font couvertes, & s'établiffent fort avant dans la pleine mer. Cela n'empêche pas que les habitans des côtes ne s'éloignent quelquefois vers la pleine mer, furtout pendant les rigueurs de l'hiver ; & que les habitans de la pleine mer ne fe rapprochent fouvent du rivage, furtout dans les tems de la belle faifon, quand une douce température les invite à fortir de leurs retraites. Le Pêcheur indigent & dépourvu de bateau, qui ne peut établir fes rets que fur

les grêves au moment où la Mer est retirée,
ne doit donc pas désespérer d'arrêter quelquefois des poissons que ceux qui font les pêches en grand, vont chercher loin des côtes
vers la pleine mer. Aussi les vastes filets dont
ceux-ci font usage dans les grandes pêches, on
les retrouve souvent en petit le long du rivage.
Par exemple, tandis que le riche Pêcheur
dispose l'attirail des bateaux & rets nécessaires pour aller au loin acquérir de nouvelles
richesses à la pêche du Hareng, le pauvre Pêcheur à pied & qui ne peut outrepasser la grêve, tend sur quelques piquets une petite haranguiere qu'il a tissu lui-même & en tire de
quoi faire subsister sa famille.

Il y a dans cette petite pêche, une chose qui
peut-être mérite attention. Les filets verticaux
qui s'établissent sur les grêves, présentent la
surface de leur tissu à la Mer, ou du moins sont
arrangés de maniere qu'on suppose que la Mer
dans le tems du flot améne le poisson directement vers le rivage, & dans le tems du reflux, le remporte dans une direction contraire.
Dans le Hareng, on suppose une autre marche.
On le regarde comme un voyageur qui range
la côte; il ne vient pas à nous, il passe auprès

de nous. Il falloit donc lui préfenter un filet
felon cette direction. Les autres filets tendus
fur les grêves font paralleles aux bords de l'eau
qui vient peu à peu les couvrir; une haranguiere au contraire eft perpendiculaire à ces mêmes bords. Les autres poiffons viennent de
front, les Harengs viennent de côté.

ARTICLE VII,

Des Parcs & Pêcheries.

LA premiere attention qui dût se présenter à ceux qui conçurent l'idée de construire des parcs & de filtrer en quelque sorte les eaux de la Mer, fut que plus ces espéces de clôtures auroient d'étendue, plus on y arrêteroit de poisson. On choisit donc sur le rivage de grands emplacemens qu'on entoura de pierres à hauteur d'appui ou à peu-près, & qui formoient quelquefois un grand angle, & pour l'ordinaire un demi-cercle, l'un & l'autre ouverts du côté des terres. On voit par-là que les pêcheries ne peuvent en rigueur être regardées comme des clôtures, puisqu'elles sont ouvertes du côté des terres ; mais d'un autre côté on les regardera comme telles, si l'on considére que le poisson qu'on y prend, s'y trouve enclos de maniere qu'il ne peut plus avancer du côté des terres où l'eau lui manque, ni reculer du côté de la Mer, puisque les parois de la pêcherie s'opposent à son passage.

On n'employa ni mortier ni aucune sorte de maçonnerie, pour construire les pêcheries de pierres , parce qu'il falloit laisser aux eaux , des voies par où elles pussent s'écouler librement.

Au moment du flux où la Mer s'est avancée au point de mouiller le pied de la pêcherie , l'eau commence à couler par les vuides qui se trouvent entre les pierres , & peu à peu hausse dans l'enceinte du parc , comme sur tout le rivage. Le poisson, comme on voit , ne peut encore entrer dans la pêcherie. Mais les eaux continuant de hausser , elles viennent enfin à surpasser de plusieurs pieds les cloisons du parc , & pour lors le poisson peut y entrer. Dans la suite quand la Mer se retire , les poissons qui se trouvent au-delà de la pêcherie du côté des terres , en se retirant avec les eaux , peuvent encore entrer dans le parc. Enfin , quand la Mer en continuant de baisser , se retrouve de niveau avec le parc & n'excede plus la hauteur des cloisons tout le poisson qui se rencontre dans l'enceinte est arrêté. Car l'eau qui s'y trouve encore , n'en sort plus que par les vuides que les pierres de la cloison laissent entre elles , & ces vuides à beaucoup près ne sont pas assez grands pour laisser passer le poisson ; il ne peut échapper qu'en s'élançant & s'élevant au-delà de l'obstacle qui s'oppose à son passage , ou

en retournant en arriere du côté des terres,
cotoyant la cloison jusqu'à son extrémité, &
se repliant ensuite du côté de la Mer ; choses qui
arrivent assez rarement : car tant que le poisson
a de l'eau il ne sent point le danger ; & quand
elle commence à lui manquer, il n'est plus
tems, ni de s'élancer au-delà de la cloison,
ni de faire le circuit en arriere, il n'y a plus assez
d'eau pour aider les efforts de ses bonds, ni
pour le porter du côté des terres. Ainsi le poisson inquiet, tantôt cherchant dans l'enceinte
des passages qu'il ne trouve point, tantôt bon-
dissant sans pouvoir s'élever à une assez grande
hauteur, tantôt cherchant à s'éloigner en arriere sans pouvoir y réussir, destitué enfin des
eaux qui baissent de plus en plus, se trouve à
sec & reste étendu sur les sables. Le poisson plat
a recours à sa derniere ressource, il bat les
fonds, se couvre de sable & se tient coi ; mais
il n'en sçauroit imposer aux Pêcheurs.

Ceux des Pêcheurs qui manquoient de pierres & avoient du bois, construisirent des parcs
avec des branches d'arbres entrelacées en forme de claies. Si l'on avoit l'un & l'autre à com-
modité, on faisoit un double clayonnage, dont
l'entre-deux se remplissoit de pierres.

Ceux qui n'avoient point de pierres & qui

n'avoient que peu de bois, plantèrent d'efpace en efpace des piquets de même hauteur (environ trois pieds) & y attachèrent un filet. Ce filet formoit l'enceinte & tenoit lieu de pierres & de clayonnage.

Enfin on imagina une forte d'enceinte qui pût s'établir fans pierres, fans clayonnage, fans piquets. La Mer retirée, on étendit un filet fur le rivage, en forme de fer à cheval, l'ouverture à la terre, le contour à la Mer, le pied enfoui & fixé dans le fable. Quand la Mer monte, le filet à la faveur du liége dont on a eu foin de le garnir, fe leve fur pied & dès-lors forme une clôture femblable à celle du parc, ou plutôt un véritable parc. Quand la Mer en fe retirant, fe trouve de niveau avec la hauteur du filet, tout le poiffon renfermé dans l'enceinte fe trouve pris comme dans les autres pêcheries; car dans celle-ci le haut du filet que le liége foutient à la furface de l'eau, ne baiffe qu'à proportion que les eaux baiffent elles-mêmes, de maniere que tant qu'il y a de l'eau, la cloifon eft toujours-permanente & toute iffue eft fermée au poiffon.

Mais on conçoit que quand l'eau baiffe & que cette cloifon s'affaiffe, il faut néceffairement que le filet fe renverfe, & que la tête,

qui alors ne sçauroit rester perpendiculaire sur
le pied, avance ou du côté des terres, ou du
côté de la Mer. Si on abandonne le filet à lui-
même, il suivra la direction de l'eau qui se retire, il penchera du côté de la Mer & formera comme un plan incliné : le poisson pourra
aisément se glisser sur ce plan, sortir de l'enceinte & suivre le cours de la marée. Il étoit
donc nécessaire de forcer le filet à pencher du
côté des terres, malgré la marée qui essaie de
l'emporter dans l'autre sens. On y réussit en
assujettissant la tête du tissu à de petits cordages
dont on fixe l'autre extrémité dans les sables.
Ces attaches tiennent le filet dans une telle situation que malgré les efforts de l'eau il ne
peut s'élever perpendiculairement, & forme
toujours comme un plan incliné du côté des
terres. Pour lors le poisson qui se trouve sous
ce plan, ne sçauroit s'évader qu'en allant à fleur
d'eau & s'élançant au-delà du filet, ce qui arrive rarement. Il s'amuse plutôt à nager à
droite & à gauche sous le tissu qui s'oppose à
son passage, & si long-tems qu'enfin l'eau vient
à lui manquer.

Il est clair que plus les enceintes d'un parc
ont de hauteur, plus on y doit prendre de poisson, & ceux qui avoient des pêcheries de pierres

& des clayonnages , fentirent bientôt que plus
elles feroient exhauffées , plus elles rappor-
teroient. Mais les emplacemens étoient trop
grands pour exhauffer ces cloifons ; les frais auroient été trop confidérables. D'ailleurs, des claies
& des amas de pierres portés trop haut & cela fans
maçonnerie , n'auroient pu réfifter à la Mer. On
prit donc le parti d'établir des parcs avec des
claies & des pierres de la même maniere
qu'auparavant , mais beaucoup plus en petit.
De diftance en diftance , & tout près de la cloifon , on planta des perches de quinze à vingt
pieds de hauteur. Au haut de ces perches , on
accrocha la tête d'un filet dont on attacha le
pied à la cloifon. Dès-lors on eut des pêcheries partie en filets, partie en pierres & clayonnage, dont les cloifons s'élevoient à plus de vingt
pieds de haut.

Quelques-uns portérent l'attention jufqu'à
couvrir d'une autre pièce de filet, ces fortes de
parcs , quand ils étoient fort petits & n'excé-
doient pas dix à douze toifes de diametre.

Mais tous ces parcs devenus affez hauts ,
n'étoient plus affez amples , & peut-être en re-
tira-t-on moins d'avantage que des premiers
On chercha un moyen qui compenfât leur peu
d'étendue, en y faifant parvenir le plus de poif-

fon qu'il fut possible. On sçavoit que le poisson, qui dans sa route rencontre un obstacle, le cotoye ordinairement jusqu'à ce qu'il en trouve l'extrémité ; rarement il retourne en arriere. On chercha donc à établir un obstacle de cette nature qui se terminât dans la pêcherie. On construisit un nouveau clayonnage qui du milieu de l'ouverture du parc , s'étendît en droite ligne affez loin du côté des terres : tout le long de ce clayonnage , on planta des perches & l'on y tendit un filet comme à l'enceinte. Si le poisson qui arrive avec la marée & se joue sur le rivage , rencontre ce filet , il le suit & entre ainsi dans la pêcherie ; surtout quand la mer se retire.

Mais par la raison même dont nous venons de parler , le poisson parvenu dans l'enceinte du parc & rencontrant la cloison , la cotoye quelquefois jusqu'à son extrémité & sort de la pêcherie. Quoique cet inconvénient , comme nous l'avons remarqué , soit peut-être le moindre qu'on ait à craindre ; cependant on tacha encore d'y obvier. Au lieu que les bras de la pêcherie se terminoient presque en ligne droite , on leur fit faire le coude & on les replia en dedans , de maniere que le poisson qui alloit toujours cotoyant , se retrouvoit né-

ceſſairement dans l'enceinte. Quelques-uns,
pour mieux l'égarer, firent faire pluſieurs con-
tours aux bras de leurs pêcheries & de côté &
d'autre, les terminérent en ſpirale.

Dans la ſuite des tems, quand la police vint
à porter ſon attention ſur la conduite des pêches, on ordonna aux Pêcheurs des grands parcs
de pierres & de clayonnages, de laiſſer une aſſez
grande ouverture au fond de l'enceinte, & on
ne leur permit de clorre cette ouverture, que
dans certains tems ſeulement, & cela avec des
grilles ou des pieces de filet dont les vuides ou
les mailles devoient avoir un certain diametre.
Par-là on faiſoit la ſûreté du fretin, qui dans
la ſaiſon des chaleurs abonde à la côte & dont
une quantité prodigieuſe périt dans ces clôtures.

La plûpart des Pêcheurs ne purent ſe prêter
à ces vues ; obligés de faire au fond de leurs
parcs l'ouverture preſcrite, ils chercherent les
moyens de la rendre inutile. Les uns ne la
laiſſerent jamais libre & y tenoient toujours ou
un filet ou une grille ; d'autres y placerent des
guideaux, ces ſacs de réſeau dont nous avons
parlé ; les autres conſtruiſirent au-delà de cette
ouverture, une autre petite enceinte, un autre
petit parc, qui n'avoit d'iſſue que cette ouverture même.

Ces espéces de parcs que nous avons dit qui s'établissoient en attachant une piéce de filet sur des piquets à hauteur d'appui, sont les moindres de toutes les pêcheries. Mais comme ce n'est pas une grande affaire que de ficher dans les sables & sur une ligne courbe, un certain nombre de piquets, ces parcs ont un avantage que les autres n'ont point, où ne sçauroient avoir à si peu de frais. La Mer n'est pas toujours égale dans ses élancemens. Elle découvre plus ou moins de terrein, selon l'énergie de la cause qui la met en mouvement. On peut distinguer trois sortes de marées, de foibles, de fortes, de moyennes. Les foibles sont celles où la Mer s'écarte le moins du rivage; les fortes, celles où elle s'en éloigne le plus. D'un autre côté on observa que plus les pêcheries sont loin du rivage vers la Mer, plus il s'y arrêtoit de poisson. Il devenoit donc utile d'avoir des pêcheries fort avancées; mais comme elles ne peuvent servir que dans les grandes marées où la Mer les laisse à découvert, il étoit nécessaire d'en avoir d'autres qui pussent être d'usage dans les marées foibles, & qui ne découvrent que peu de terrein. Ceux qui eurent la facilité d'établir plusieurs pêcheries sur une ligne tirée des terres directement à la Mer, remplirent ces différens

objets

objets. Ceux furtout qui ne tendoient que des
filets fur des piquets rangés en parcs, eurent
plus de facilité que les autres. Ils figurerent
l'un au-deffus de l'autre, trois parcs avec trois
rangées de piquets, & felon la marée du jour,
ils tendirent leur filet à celle de ces trois rangées qui correfpondoit à cette marée.

Les paffages que les parcs laiffent à l'eau font
ou doivent être affez grands, pour que le poiffon
du premier âge, le fretin, puiffe s'y gliffer
& s'évader. Quelques Pêcheurs regretterent
cette perte, fi ç'en eft une, & chercherent les
moyens d'arrêter ces petits poiffons. Ils ne pouvoient pas rétrecir ni les paffages de l'eau ni
les mailles des filets, ç'auroit été aller contre
la loi, & ils cherchoient à l'éluder. L'aire des
pêcheries n'eft pas toujours parfaitement unie;
il s'y trouve quelquefois de petites profondeurs,
& l'on conçoit que ces profondeurs doivent refter pleines d'eau quand la Mer eft retirée. Les
Pêcheurs obferverent que le poiffon du premier
âge ou le fretin qui cherche toujours les eaux
les moins agitées, fe retiroit volontiers dans
ces profondeurs, où la plûpart reftoient tout le
tems du reflux, & d'où il étoit très-aifé de les
tirer avec un petit filet à mailles fort étroites.
Ainfi ceux d'entre eux qui voulurent faire cette

G

pêche, & qui avoient dans leurs pêcheries de pareilles profondeurs, les aggrandirent, & ceux qui n'en n'avoient point de semblables, y en firent.

Nous n'avons encore rien dit du filet le plus universellement connu sur le bord de toutes les Rivieres & de toutes les Mers, je veux parler de la Seine. Au lieu que c'est la Mer qui se jette dans les parcs que nous venons de décrire, ici c'est un parc qui se jette à la Mer. L'eau emploie six heures à couvrir une pêcherie sédentaire & six autres heures à la découvrir, la pêcherie mobile dont nous parlons maintenant, s'établit en un moment & on la retire de même ; on prend le poisson qu'elle améne, & l'instant d'après on peut recommencer la pêche; dans le premier cas, le Pêcheur oisif attend l'heure, dans le second, il est toujours en action.

Les Pêcheurs à pied ou en bateau & prenant l'eau à telle hauteur qu'ils jugent à propos, jettent & étendent en forme de fer à cheval ou de demi-cercle ouvert du côté des terres, un long filet garni de plomb & de liege. La tête flote à fleur d'eau à la faveur du liege, le pied porte sur les fonds par le moyen du plomb. Dès cet instant c'est un parc établi & couvert d'eau. On tire les deux extrémités du filet ou à force de bras, ou avec des chevaux, ou par le secours des bateaux à rame ; le filet s'approche peu-à-peu du rivage en rasant les fonds & ne laissant aucune issue au poisson que renferme son enceinte ; enfin il se trouve à sec & dépose sur le sable le fruit de la pêche.

Pour mieux s'assurer du poisson, les uns traînerent en même tems deux seines sur la même ligne, & à la suite l'une de l'autre ; si quelque poisson échappoit à la premiere, il se retrouvoit enclos dans la seconde. Les autres placerent au milieu de ce filet un gaideau, qui dans l'exercice de la pêche, se trouve au fond de l'enceinte, comme au fond d'un parc. Le poisson, que la manœuvre de la seine oblige, pour l'ordinaire, de se porter vers cet endroit, ne manque guere de s'engager dans ce sac.

Telles sont les différentes espéces de pêches dont j'ai cru qu'il étoit utile de donner une idée. Inventées en divers lieux, corrigées & perfectionnées avec le laps des temps, elles se pratiquent aujourd'hui sur les rivieres, les étangs, les lacs, les mers. Dans tous ces lieux différens, les unes ont été rejettées, & les autres admises, selon les vues particulieres des Pêcheurs, la nature des eaux qu'ils avoient à pratiquer, le caractère des poissons qui fréquentoient leurs côtes. Là, vous trouverez des filets d'une espéce, plus loin vous en trouverez d'une autre; plus loin encore d'une autre sorte. Ici nous les avons réunis, nous les avons offerts dans un seul point de vue.

Il ne nous reste plus qu'à nous expliquer sur certains noms qu'on donne aux Pêcheurs. On distingue les lieux où les pêches se pratiquent en pleine mer, côtes, grêve ou rivage, embouchures des rivieres. Si nous supposons un vaisseau au milieu d'une mer, du canal, par exemple; en prenant ce point pour centre, tout l'espace que ce vaisseau pourra parcourir aux environs, sans se trouver à vue de terre, nous l'appellons pleine mer. Depuis le point quelconque où l'on se trouve à vue de terre, jusqu'à celui auquel parvient la mer en se retirant dans les plus fortes marées, nous donnons à tout cet espace le nom de côtes. Depuis les bords de la côte, du côté des terres, jusqu'au lieu où la Mer s'avance dans les plus grandes marées, c'est la grêve ou le rivage. Depuis le rivage où la Mer entre dans le lit des rivieres, & se mêle à l'eau douce, jusqu'au lieu où elle s'arrête, & où l'eau cesse d'être amère, nous l'appellons embouchures des rivieres. Par extension, on

pourroit prendre pour embouchure d'une riviere, toute la longueur de fon canal où l'eau
hauffe & baiffe, & eft fenfible au flux & au
reflux. La côte eft donc une bande de plufieurs
lieues de large qui environne la pleine Mer. La
grêve eft une autre bande beaucoup plus étroite,
qui environne la côte. On appelle Pêcheurs Ri-
verains, ceux qui pêchent aux embouchures des
rivieres ; petits Pêcheurs, ceux qui pêchent fur
les rivages, fur les grêves ; Pêcheurs côtiers,
ceux qui pêchent fur les côtes ; grands Pêcheurs,
ceux qui pêchent en pleine Mer.

ARTICLE VIII.

Des appas & de quelques manœuvres qui favorisent les pêches.

LES appas sont nécessaires à toutes les pêches à l'hameçon & à celle des Sardines. On auroit beau jetter à l'eau de petits crochets de fer, on conçoit que si ces crochets ne sont revêtus de quelque amorce, il n'y a pas d'apparence que le poisson y coure & s'y accroche. On assure pourtant que la Morue est si gloutonne, qu'elle court à l'hameçon, même tout nud. Si cela est, c'est une avidité qui a peu d'exemples, & sur laquelle il ne faudroit pas que le Pêcheur de Morue se reposât, avec trop de confiance. Quant aux Sardines, comme elles séjournent habituellement sur les fonds, pour les engager à s'élever & à donner dans les Sardinales, on a pris le parti d'amorcer le filet.

Toutes les autres pêches se peuvent faire sans autre appareil, que les rets, dont nous avons fait la description. Cependant les Pêcheurs sentirent bien que s'ils trouvoient le moyen d'attrouper les poissons, & de les diriger vers les piéges qu'ils tendoient, la pêche en deviendroit néceſſairement plus abondante, que ſi, après avoir établi leurs filets dans l'eau, ils abandonnoient le reſte au haſard. On imagina donc différentes manœuvres pour ameuter le poiſſon & le mettre en mouvement.

Il étoit naturel de préſenter pour appas aux poiſſons, ceux de leurs alimens qu'ils doivent trouver les plus délicats. Le Hareng eſt de ce nombre. Son petit volume & ſa foibleſſe l'expoſent à devenir la proie de preſque tous les autres poiſſons, & il a un goût ſi exquis, que ſouvent on le ſert ſur nos tables ſans aſſaiſonnement. Un pareil appas ne pouvoit manquer de réuſſir, & c'eſt en effet le plus excellent de tous. La Sardine ne lui eſt guère inférieure.

Mais on n'eſt pas toujours pourvu de Harengs ou de Sardines, on eut recours au Maquereau, à l'Orphie, aux Lançons, & en général à tous les petits poiſſons ronds, & même dans le beſoin, à toute eſpéce de poiſſon indiſtinctement. La chair de la plûpart des coquillages, peut encore ſervir d'appas; & afin que la Mer ne nourrît rien d'inutile, les vers qu'on trouve dans ſes fables peuvent ſervir à cet uſage. Entre autres, il s'en trouve un noir & velu, que l'expérience a fait reconnoître pour une excellente amorce. On a auſſi eſſayé, & non sans succès, la chair des animaux terrestres, sur-tout des quadrupedes.

Nous rapporterons les différentes manœuvres qui favorisent les pêches à trois espéces, le feu, le trouble, le bruit.

Dans l'obscurité de la nuit, le feu a de l'attrait pour les poissons. De si loin qu'ils l'apperçoivent, ils accourent & donnent dans les piéges qu'on a tendus aux environs.

Cette manœuvre attire le poisson, & l'invite à approcher : celles dont il nous reste à parler, l'épouvantent & le mettent en fuite. L'adresse consiste à diriger cette fuite, & à guider le poisson vers le filet. On l'épouvante en troublant l'eau & les fonds. On bat l'eau avec des perches ; on pique les fonds avec des fichures ; on y traîne des chaînes ; en un mot, tout ce qu'on a cru le plus propre à porter le trouble dans ces demeures tranquilles, on l'a mis en usage. Les mêmes moyens qu'on emploie pour mettre le poisson en mouvement, on les employa aussi pour diriger sa marche. Il est clair qu'il doit se porter du côté où il apperçoit le moins de fracas, & c'est précisément ce côté-là qui le conduit au piége.

La frayeur où l'on jette les aquatiles en brouillant l'eau & les fonds, on a cru pouvoir

la produire par les cris & le tintamarre. On
a penſé que le bruit iroit juſqu'au fond de l'eau
effrayer & mettre en fuite les poiſſons qui y
repoſent. Ainſi tandis que dans certaines pêches
on garde le ſilence le plus exact, dans celles
dont nous parlons, on chante, on crie, on
fait des huées, & l'on ne penſe pas pouvoir
jamais en faire d'aſſez bruyantes, Cette pêche
ſinguliere ſe pratique à l'embouchure de quelques rivieres. Deux bateaux, chacun de trois
hommes d'équipage, ſe joignent pour l'ordinaire, & réuniſſent leurs filets. Ces filets ont
vingt-cinq à trente braſſes en longueur, & huit
à douze de hauteur. La maille eſt fort étroite;
le pied eſt garni de plomb; la tête eſt fournie
de liége; on les appelle jets. La pêche ne ſe
fait que de baſſe eau : on croiſe la riviere avec
le filet; le plomb en entraîne le pied à bas, &
le liége en ſoutient la tête à fleur d'eau. Les jets
ainſi établis, les Pêcheurs en bateau s'en éloignent à peu près d'une portée de fuſil, en remontant la riviere. Là ils commencent à battre
l'eau avec de longues perches, & en même
tems à chanter & à crier de toute leur force. Ils
ſe perſuadent que leur cris vont épouvanter
juſques ſous la bourbe, le poiſſon qui y eſt
enſeveli ſouvent à plus d'un pied de profon-

deur ; que ce poiſſon effrayé, s'élance, fuit &
ſe précipite dans le filet. Cependant les Pêcheurs,
toujours frappant l'eau, & toujours hurlant, ſe
rapprochent peu à peu de leurs jets. Là, toute
clameur ceſſe ; chaque bateau ſe rend à chaque
extrémité du filet, & les Pêcheurs le relevent
de part & d'autre, en le doublant le plus preſ-
tement qu'il eſt poſſible, pour ne pas laiſſer au
poiſſon le tems de s'évader.

Enfin, on a été juſques à faire des recherches
ſur les drogues, & l'on en a trouvé qui jettent le
poiſſon dans une eſpéce d'yvreſſe, & le mettent
hors d'état de pouvoir échapper. On a donc fait
des compoſitions, la plûpart avec des ingrédiens
âcres & aromatiques, qui portent à la tête du
poiſſon, & l'étourdiſſent au point, que le moment d'après qu'il en a mangé, on le peut prendre à la main. Tels ſont la noix de cyprès, la
coque du Levant, la momie, le muſc, & en
général toute matiere aromatique & réſineuſe.
On en jette dans les étangs, dans les rivieres,
& même à la mer.

CHAPITRE IV.

De la Police des Pêches en général.

NOus avons donné une idée des productions des mers, de leur utilité & de la différente maniere de les recueillir. Un objet de cette conséquence a sans doute mérité de tout tems l'attention des Gouvernemens des différentes Nations, & ce ne doit pas être d'aujourd'hui qu'on essaye parmi nous d'entretenir les côtes dans l'abondance: c'est le moyen d'assurer au peuple une nourriture salubre & délicate, & aux Pêcheurs, ces gens si ignorés, & cependant si nécessaires, un objet de travail & de commerce, qui doit faire naître l'aisance dans leurs familles.

Car je suis bien éloigné de penser comme ceux qui s'imaginent qu'à l'égard du poisson, la disette est un inconvénient pour le peuple, & n'en est point un pour le Pêcheur. Dans cette circonstance, disent-ils, le peuple est privé d'un aliment recherché, ou l'achete fort cher : pour le Pêcheur, tout lui est égal; s'il est beaucoup de poisson, il le vend peu cher; & s'il en est peu, il le vend beaucoup : l'abondance ou la

cherté le dédommage, & tout eft compenfé :
Qu'il faffe deux pêches fans rien prendre, &
qu'à la troifiéme, il prenne peu ; ce peu, il le
mettra à un fi haut prix, qu'il fe trouvera dédommagé de cette pêche & des deux précédentes. On fe trompe, & fans entrer dans toutes
les objeétions qu'on pourroit faire, je n'ai qu'u-
ne réflexion à oppofer à ce fentiment. C'eft qu'à
parler ftriétement, il n'eft pas vrai qu'à l'égard
du poiffon, l'abondance & la difette en fixe le
prix, & qu'il doive être toujours plus cher à
proportion qu'il eft plus rare. Je fçais qu'en général plus il fe trouve de poiffon dans nos
marchés, plus nous l'avons à bon compte, &
au contraire ; mais cette vérité n'a lieu qu'à
certain point. Quand, par fa rareté, le poiffon
aura monté à certain prix, il n'augmentera plus,
dût-il devenir encore plus rare ; ou s'il augmente, ce ne fera jamais proportionnellement.
Il eft telle pêche qui ne rapporte pas aujourd'hui
le centuple de ce qu'elle rapportoit il y a quarante ans ; fon produit fe vend-il pour cela cent
fois plus cher qu'il ne fe vendoit auparavant ? Il
s'écoule des mois entiers où l'on ne voit pas la
trentiéme partie du poiffon qu'on voyoit le mois
précédent, & qu'on doit voir le mois fuivant ;
fe vend-il pour cela trente fois plus cher ? Il fe

vendra plus, mais jamais dans cette proportion. La caufe, c'eft que le poiffon eft un aliment recherché, mais non pas néceffaire ; d'autres peuvent y fuppléer. La plus grande partie du peuple s'en pourvoit quand il eft à un prix médiocre ; quelques-uns s'en accommodent encore, quoiqu'il foit cher ; mais prefque tous s'en priveroient, s'il venoit à monter à un prix exceffif. Ainfi pour le débit, il faut qu'il y ait une certaine proportion entre le prix du poiffon & celui des autres alimens, fans quoi on préférera ceux-ci. D'abondantes marées, dont le poiffon fe vend peu cher, enrichiffent le Pêcheur, & les marées de peu de rapport, dont le poiffon fe vend fort cher, le ruinent. Plus le Poiffon fera rare, moins les pêches profpéreront, & cette rareté eft autant un inconvénient pour les Pêcheurs, que pour le Peuple.

Malgré l'intérêt que chaque Nation, & la nôtre en particulier, a toujours eu de veiller à la police des pêches, on ne trouve prefque aucune trace de cette police, dans les Auteurs & les collections qui nous font reftées de l'antiquité ; & parmi nous, elle ne paroît avoir pris naiffance que dans le huitiéme fiécle. Charlemagne prefcrivit à cet égard quelques réglemens, qui même ne concernent que les pêches qui fe font dans les rivieres. Dès qu'on y fit attention, on n'eut pas de peine à fe perfuader que les poiffons d'une riviere pourroient s'épuifer ; mais malgré cette vérité reconnue, il fallut plus d'un fiécle pour mettre dans l'efprit des hommes, que la même chofe pouvoit arriver à la mer.

Les habitans d'une petite Ifle (Oléron) furent les premiers qui craignirent que le vafte baffin qui fourniffoit à leurs befoins, ne vînt à s'épuifer auffi-bien que les plus petites rivieres. Ils s'affemblerent & convinrent de certains ménagemens dont ils fe propoferent de ne s'écarter jamais dans la pratique de leurs pêches. Ce fut des réglemens qui, fans autre authenticité que la droiture de leurs vues & la fageffe de leurs moyens, furent adoptés fans réferve, pafferent en coutume, & eurent force de loi.

Je ne fçais fi les mefures qu'on avoit prifes avant le feiziéme fiécle, avoient été infpirées plutôt par la prudence que par la néceffité ; mais il eft certain qu'alors on trouva dans les pêches un déchet fi confidérable, qu'on commença de craindre très-férieufement les fuites. On n'avoit fait qu'effleurer la matiere, on commença à l'approfondir, & on avança auffi loin que des premieres démarches vers le vrai, peuvent aller.

On examina la maniere de multiplier des poiſſons, les ménagemens qu'exigent leurs œufs & leur frai, les accidens qui peuvent détruire le poiſſon nouveau né ; en un mot on étudia la nature, & l'on prit toutes les meſures qu'on put imaginer pour ſeconder ſa fécondité. Ce fut d'après ces obſervations utiles, qu'on dreſſa les Reglemens publiés dans le célebre Edit de Mars 1584, Edit qui a été la regle & le modéle de tous les Réglemens poſtérieurs.

Ces principes une fois connus, ſe dévelop‑ perent de plus en plus, ſur‑tout vers la fin du ſiécle ſuivant. Aux attentions qu'on avoit eues, on en joignit encore d'autres, & en renouvel‑ lant les anciens Statuts, on y ajouta de nouvel‑ les précautions, qui ne devoient pas être les dernieres. L'Ordonnance de 1681, qui réfor‑ moit les précédentes, fut dans la ſuite elle‑même réformée à différens égards.

La police des pêches n'étoit pas de nature à atteindre ſi‑tôt ſa perfection. Les plaintes ſur la rareté du poiſſon, réveilloient de tems en tems l'attention ; & plus on examinoit les pêches, plus on y trouvoit d'abus. Il n'y a pas quarante ans qu'on fit un dernier effort : on examina l'é‑ tat des pêches, on y trouva encore infiniment à réformer, & on entreprit cette réforme. Des

Lettres furent expédiées à toutes les Amirautés, avec ordre d'adresser des Mémoires raisonnés aux Intendans des Provinces. Un Commissaire fut envoyé sur les côtes; pêcheries, bateaux, filets, tout fut visité, examiné, détaillé. Le Commissaire retourna à la Cour, & rendit compte de ses recherches. On se proposoit de dresser une nouvelle Ordonnance; on ne se trouva en état que de publier quelques réglemens; tant il est difficile d'avancer dans cette carriere, & de se démêler de tous les objets qu'elle présente.

Depuis ce tems-là, on n'a point cessé de veiller à la population des côtes; on est entré dans les plus grands détails, & autant d'abus, même de la moindre conséquence, connus pour tels, autant d'abus réformés.

Toutes ces sages opérations sont-elles finies ? Des siécles entiers de recherches, tant de Réglemens émanés des Hommes d'Etat les plus éclairés, ont-ils enfin porté l'économie des pêches à sa perfection ? Le genre aquatile, depuis si long-tems sous la protection des Loix, s'est il rétabli; nos côtes sont-elles repeuplées, & nos Pêcheurs si souvent réprimés & châtiés, jouissent-ils maintenant des avantages d'une police à laquelle la plûpart d'entr'eux ont eu tant de

peine

peine à fe foumettre ? Point du tout ; on diroit
que nous commençons à faire les premiers pas
dans cette entreprife. Les Pêcheurs travaillent
infructueufement, le Public fe plaint, & le poiffon eft plus rare qu'il ait jamais été.

A juger par les peines qu'on a prifes, & par
le peu de fuccès, on penferoit volontiers que
les inconvéniens qu'on tâche d'éviter, font au-
deffus des reffources ordinaires, que les caufes
font bien fupérieures à nos petites vues d'économie, & que le mal dont nous nous plaignons
a un principe où toute la prudence des hommes
ne peut atteindre. Au moins ai-je vu bien des
gens fe le perfuader ainfi. Je les ai même vu en
donner des raifons, les uns d'une forte, les
autres d'une autre. Toutes méritent d'être dif-
cutées, & c'eft un détail dont on doit fentir
l'importance.

H

ARTICLE I.

Raisons de ceux qui pensent qu'il est inutile de s'occuper à perfectionner la police des Pêches.

» DE tout tems, disent-ils, on a pêché, &
» dès qu'il y a eu des pêches, il y a eu des
» abus ; car entre pêcher & faire des pêches
» abusives, il y a si près, que l'un n'a pu exis-
» ter sans l'autre. Il n'a pas été possible de ten-
» ter de prendre du poisson, sans s'être apperçu
» que le moyen le plus sûr d'en prendre abon-
» damment, étoit de faire ces espéces de pêches
» que nous nommons abusives ; & voir cela &
» le pratiquer, ce dut être la même chose pour
» gens libres, & qui n'avoient aucune Loi qui
» les réprimât.

» Quant à la multiplicité de ces pêches, elles
» augmenterent à proportion de la multipli-
» cation des hommes sur les bords de la Mer,
» & nous devons croire qu'il s'en fit au-
» tant que de nos jours, dès que les rivages
» furent aussi peuplés qu'ils le sont aujourd'hui.
» On voit assez combien se recule cette époque ;
» on ne sçait où la fixer.

» Cependant on ne foupçonnoit point alors
» que la Mer pût fe dépeupler, & en effet elle
» ne fe dépeuploit point. Si fes productions
» euffent fenfiblement diminué, fi le poiffon
» fût devenu plus rare, il n'eft pas douteux qu'on
» eût pris dès-lors les mêmes précautions qu'on
» a prifes bien long-tems après. Parmi les Ecrits
» qui nous reftent de l'antiquité, il n'en eft au-
» cun où l'on trouve les moindres veftiges d'une
» police des pêches, relative à la fuppreffion des
» abus dont on fe plaint fi fort. On demandoit
» à la mer tout autant qu'on lui a demandé de-
» puis; mais alors elle fourniffoit, actuellement
» elle ne fournit plus. Ainfi la ftérilité des côtes
» ne vient pas de la multiplicité des abus, mais
» d'un changement en pis furvenu dans la
» propagation des aquatiles, changement fpon-
» tané & indépendant de la politique des hom-
» mes

» Cette vérité n'étoit pourtant point de na-
» ture à fe faire faifir d'abord & à écarter
» tout préjugé, une longue expérience & le
» laps des tems étoient feuls capables de la faire
» connoître. Elle fe manifefte aujourd'hui, mais
» le préjugé a fait fon effet & tient encore fes
» yeux fermés.

» La premiere précaution que durent prendre

H ij

» les hommes surpris de voir la Mer se refuser
» à leurs recherches & menacer d'un épuise-
» ment prochain, fut d'examiner la nature &
» la manœuvre des pêches. On trouva en effet
» que dans la pratique d'un assez grand nom-
» bre, on mettoit obstacle au développement
» de bien des germes, on faisoit périr un assez
» grand nombre de fretin, on arrêtoit beau-
» coup de poisson du second âge & à peine
» parvenu à la sixiéme partie de sa grandeur na-
» turelle; ce qui jadis n'étoit qu'une perte assez
» légere & bientôt réparée par la fécondité de
» la Mer, parut alors un dégât énorme d'où
» procédoit la stérilité des côtes. Ceux des Pê-
» cheurs qui faisoient leurs pêches en pleine
» mer, accusérent ceux qui pêchoient sur les
» grêves de cent manœuvres préjudiciables, &
» ces derniers en accusérent aussi les premiers.
» Il y a plus, désolés du peu de fruit de leurs
» travaux, les uns & les autres rendoient sou-
» vent témoignage contre eux-mêmes & de-
» mandoient des Réglemens. On le sçait assez,
» on leur en donna en différens tems, qui ne
» furent pas plus fructueux les uns que les au-
» tres.

» Examinée & suivie avec tant d'exactitude
» & depuis tant d'années, favorisée par tant

» de Loix qui tendent à écarter les obfta-
» cles qui pourroient s'oppofer aux généra-
» tions multipliées des aquatiles, la Nature
» fembleroit devoir payer avec ufure des foins
» & des attentions fi pénibles. Cependant les
» plaintes fe renouvellent de jour en jour, &
» l'on diroit que les Mers épuifées ne fournif-
» fent de poiffon, que ce qu'il en faut pour
» faire regrettter leur ancienne fécondité.

　» Ne nous flattons point, tant d'inftructions,
» de mefures, de Réglemens, d'Edits & d'Or-
» donnances, auroient dû rendre à la Mer fon
» ancienne fertilité, fi la chofe avoit été pra-
» ticable. Tant de peines inutiles auroient dû
» au moins nous convaincre de notre impuiffan-
» ce à cet égard, & c'eft ce qu'elles n'ont pas
» même fait. Plus de trois cens ans d'attentions
» fans fuccés, n'ont pu nous décourager ; nous
» regardons encore la difette qui va toujours
» en augmentant, comme le fruit de notre né-
» gligence ou de notre impéritie, & nous con-
» tinuons de demander qu'on réforme la police
» des pêches fans ceffe réformée fans aucun
» fruit.

　» Non ce ne font point les Loix qui nous
» manquent, c'eft la Nature qui s'épuife. Jadis
» les Loix auroient été inutiles, parce que la

» Mer étoit féconde ; elles sont aujourd'hui in-
» fructueuses, parce que la Mer est stérile. Si
» cet élément n'avoit pas dégénéré, toutes les
» pêches prétendues abusives y puiseroient sans
» le moindre inconvénient ; aujourd'hui que sa
» stérilité fait de continuels progrès, les ména-
» gemens les mieux entendus sont incapables
» de la rétablir. L'industrie des hommes peut
» aider la Nature, elle ne peut y suppléer.

» Mais d'où peut venir cet épuisement irré-
» médiable ? On ne sçait ; il est manifesté, mais
» la cause en est cachée. La Nature éprouveroit-
» elle cette dégénération annoncée par quel-
» ques Observateurs ? Ses jours de fécondité
» auroient-ils passé, éprouveroit-elle aujour-
» d'hui la froideur & la stérilité de la vieillesse ?
» Sommes-nous donc si fort avancés vers les
» derniers développemens des Etres ? La Mer
» & le globe qu'elle entoure, approchent-ils d'un
» épuisement général ?

» Cette stérilité spontanée ne seroit-elle point
» particuliere à la Mer ? Semblables à ces con-
» trées heureuses qui ont dégénéré peu à peu
» & auxquelles il ne reste plus que la réputa-
» tion de leur ancienne fertilité, nos Mers déjà
» si fort dégénérées doivent-elles dans la suite
» s'épuiser totalement ? Ou plutôt comme chaque

» individu éprouve des tems de fanté & de
» maladie , comme chaque efpéce éprouve des
» tems où elle profpere plus que jamais & d'au-
» tres où elle femble dépérir , la totalité des
» productions de la Mer n'éprouveroit-elle point
» auffi des tems de fécondité & des tems de
» ftérilité ? Ne ferions-nous point maintenant
» dans des momens d'engourdiffement , mais
» d'un engourdiffement paffager qui fera fuivi
» d'une convalefcence prochaine , d'un réta-
» bliffement général & d'une nouvelle jeu-
» neffe ?

» Nous n'avons point d'affez fortes raifons ,
» pour affigner des caufes auffi générales. La
» ftérilité de la Mer peut bien faire une preuve
» pour ceux qui penfent que le monde vieillit
» & tombe par degrés en décadence : mais d'un
» autre côté , ce fentiment n'eft point affez
» folidement établi pour que nous puiffions
» regarder la ftérilité de la Mer comme une
» fuite de cette vieilleffe prétendue de la na-
» ture.

» Quelques Pêcheurs ont auffi cherché la
» caufe de l'infécondité de leurs côtes. Leurs
» idées n'ont pas remonté à des objets auffi
» élevés que ceux dont nous venons de parler;
» mais ce n'eft pour perfonne une raifon de

» conlure qu'elles ne font pas juftes ; & pour
» plufieurs ç'en fera une de conclure qu'elles
» font plus probables.

» Ceux des Pêcheurs dont je parle attribuent
» l'infécondité des côtes , au petit nombre de
» beaux jours & à la longueur des hivers. Se-
» lon eux la plûpart des poiffons ne viennent
» point jufqu'à nous, ils reftent fort avant dans
» la Mer & féjournent fur les bas fonds où un
» degré de chaleur prefque toujours égal & tem-
» péré les met à couvert du froid aigu & pref-
» que continuel qu'on éprouve fur les côtes.
» On ne fçauroit dire combien cette intem-
» périe leur eft funefte. Des parages couverts
» de roches , font en quelque forte déferts de-
» puis 1739. Les poiffons qui fréquentent ces
» fortes de lieux & qui ne fçavent ou fuir, pé-
» rirent prefque tous pendant le rigoureux hi-
» ver qu'on éprouva cette année. La gelée leur
» donnoit la mort , & quand la Mer étoit re-
» tirée , le rivage demeuroit couvert des débris
» de ces familles prefque entierement éteintes.
» Cette perte eft encore à être réparée , & peut-
» être ne le fera-t-elle jamais.

» Tous les hivers ne font pas auffi durs que
» celui dont nous venons de parler ; mais en
» général ils font beaucoup plus longs & plus

» rigoureux depuis quelque soixante ans, qu'ils
» ne l'étoient auparavant. On ne connoît presque
» plus de printems, les étés n'ont que des cha-
» leurs de courte durée, & les automnes ne
» font que des hivers supportables.

» Il est certain d'ailleurs que le froid oblige
» le poisson à quitter nos côtes & à se retirer
» en pleine mer. Une preuve de cela, c'est que
» ceux des Pêcheurs qui au retour des beaux jours
» s'avancent fort loin en mer pour faire leurs
» pêches, les y font d'autant plus abondantes
» que l'hiver a été plus rude.

» Ce n'est donc pas fans raison que l'intem-
» périe de l'air & des eaux, est regardée par
» les Pêcheurs dont nous parlons, comme la
» caufe de la stérilité dont on se plaint. Suivant
» ce principe, le Thermomètre nous annonce
» au juste l'état de nos côtes : nos pêches feront
» inféondes, tant que la liqueur continuera
» ses variations à peu de distance de fa phiole.

» Au reste, il sembleroit par la Physique des
» Pêcheurs que la stérilité de la Mer ne se-
» roit qu'apparente, que ses richesses feroient
» les mêmes dans le fond, qu'elle les renfer-
» meroit seulement dans son sein & ne les ex-
» poseroit plus fur ses bords. Mais le petit nom-
» bre de poissons qui restent à la côte, y essuient

» toute l'intempérie des saisons ; ceux qui se
» retirent en pleine mer y trouvent un abri, il
» est vrai ; mais ils n'y trouvent point ces cha-
» leurs douces qui leur sont si salutaires, &
» s'il en revient quelques-uns à la côte vers
» les beaux jours, ils ne jouissent que d'une cha-
» leur peu durable : ainsi le froid est un enne-
» mi qui poursuit les poissons partout, & ce
» froid ne peut manquer de nuire à leur pro-
» pagation. Il affoiblit les principes de la gé-
» nération, & tient les organes dans l'engour-
» dissement. Le développement des germes qui
» demande une chaleur humide, ou n'a point
» lieu, ou ne se fait que languissamment. Le
» peu de fretin provenu de ces générations tar-
» dives, succombe pour la plûpart sous ce mê-
» me froid qui dès l'origine a nui à son or-
» ganisation & l'a rendu d'une constitution foi-
» ble & délicate. Si des poissons saxatiles par-
» venus à leur grandeur naturelle, ne peuvent
» souvent résister à la rigueur des hivers, que
» devons-nous penser de ces poissons nouvel-
» lement éclos, dont les organes sont si tendres
» & si débiles ?

    » Ce ne sont point ici des raisonnemens dé-
» nués de preuves, l'observation les appuie.
» Dans les années où les hivers ont été moyen-

» nement longs, le fretin paroît à la côté vers
» le mois d'Avril. En 1709, où l'hiver fut si dur,
» le frai ne paru que vers la fin de Juin. Les gé-
» nérations de cette année retardées de plus de
» deux mois (car je ne parle point de celles qui
» durent manquer) furent surprifes des froids
» de l'hiver fuivant avant qu'elles euffent le
» tems de fe fortifier & d'être en état ou d'y
» réfifter en reftant fur nos bords, ou de les
» fuir en fe retirant dans les grandes eaux de
» la pleine mer. Combien donc ne durent pas
» périr ? Plufieurs années de cette nature n'au-
» roient-elles pas épuifé totalement nos Mers ?
» Les hivers qui ont fuccédé n'ont pas été fi
» rudes, auffi la Mer n'eft-elle pas totalement
» épuifée ; mais ils l'ont été plus qu'ils n'a-
» voient coutume de l'être, & la Mer en a
» fouffert au point que nous voyons. Il eft vrai
» que fi les hivers s'adouciffent, la Mer peut-
» être fe rétablira ; mais bien des Phyficiens
» ne comptent guéres fur cet adouciffement.

» C'eft donc affez raifonné fur ces objets.
» On a affez tenté d'apporter des remédes à
» des maux irrémédiables. S'il en eft des re-
» médes, la Nature fe les fournira elle-même.
» S'il n'en eft point, épargnons-nous tant de
» peines inutiles. Laiffons tranquilles ces gens

» fimples, ces Pêcheurs ignorans ; dégageons-
» les des liens que nous leur avons donnés & que
» quelques-uns d'entr'eux demandoient, par-
» ce que nous les féduifions par nos promeffes,
» féduits nous-mêmes par de fauffes appa-
» rences. Jouiffons en paix des avantages qui
» nous reftent ; peut-être fommes-nous encore
» riches eu égard à ceux qui nous fuccéderont.

ARTICLE II.

Raifons de ceux qui demandent une nouvelle réforme dans la police des Pêches.

J'AI mis dans tout fon jour ce que j'ai pu recueillir de la bouche de ceux qni fe déclarent contre la police des pêches & j'ai réuni les vues du Philofophe, du Politique & du Pêcheur. Je vais maintenant expofer les raifons de ceux qui tiennent toujours pour cette police. Si l'on compte les voix, ceux-ci l'emporteront de beaucoup; je ne doute pas qu'il n'en foit de même, fi l'on pefe les motifs.

» On ne voit pas, difent-ils, quels éclair-
» ciffemens fur l'état actuel des pêches & des
» productions de la Mer, on peut tirer de leur
» ancien état qu'on ne connoît point. On con-
» vient que l'antiquité ne nous a tranfmis rien
» de précis fur ce point, & l'on parle de ce
» qui fe paffoit dans les tems les plus reculés,
» comme fi l'on avoit entre les mains une fuite
» de Mémoires inftructifs. On imagine, on
» fuppofe, on conjecture, & d'après de pareils
» raifonnemens, on prétend nous fermer les
» yeux fur des objets fur lefquels nous ne pou-

» vous les ouvrir trop tôt, ni les tenir trop
» long-tems ouverts.

» Mais si à des conjectures, il est permis
» d'opposer d'autres conjectures, on a tout lieu
» de croire qu'anciennement on ne pêchoit pas
» autant qu'aujourd'hui, que les pêches en usa-
» ge ne causoient pas tant de destruction, &
» qu'à beaucoup près il ne s'en pratiquoit pas
» un aussi grand nombre d'abusives. Tel est le
» caractére de l'Art des pêches, il n'a pu s'y
» glisser d'abus cousidérables, qu'à proportion
» qu'il s'est perfectionné, & un Art ne s'est per-
» fectionné que par degrés & par le laps des
» tems. C'est ainsi que ce filet si ingénieux &
» en même tems si abusif qu'on appelle dreige,
» cette vaste & pernicieuse machine, le chef
» d'œuvre de l'invention des Pêcheurs, n'a pu
» être imaginée que dans le progrès de l'Art
» des pêches : son origine ne remonte pas au
» quinziéme siécle. D'un autre côté les pêches
» ne se sont multipliées que proportionnelle-
» ment à la consommation du poisson, & cette
» consommation a toujours été en augmentant.
» Le poisson ne se vendit long-tems que sur le
» bord des côtes, de-là il en passa plus avant
» dans les terres, & dans la suite ce commerce
» s'étendit vers le centre des continens. Depuis

» environ quarante ans on a trouvé le moyen
» de porter le poisson frais à plus de cent lieues
» loin du parage où il a été pêché. Ce commerce
» est donc aujourd'hui plus étendu que jamais,
» & plus que jamais les pêches doivent être
» nombreuses & fréquentes ; delà, la multipli-
» cité des abus , & la nécessité de veiller sur
» ces objets.

» Si jamais les pêches ont été aussi fréquen-
» tes, aussi destructives & aussi abusives qu'elles
» le sont devenues depuis quelques siécles ; il
» n'en faut pas douter , dès ce tems-là on essaya
» d'y remédier ; la Loi réprima le Pêcheur trop
» avide , & l'on dressa des Réglemens bien ou
» mal entendus. Aucun de ces Réglemens, il
» est vrai , n'a passé jusqu'à nous ; s'ensuit-il
» delà qu'ils n'aient jamais existé ? Tandis qu'un
» si grand nombre d'Ouvrages célèbres & faits
» pour être entre les mains de tous les hom-
» mes , sont perdus pour jamais , par quel ha-
» sard des recueils de Réglemens établis pour
» un petit nombre de gens & ignorés de tout
» le reste de la terre , auroient-ils échappé
» aux injures des tems & seroient-ils parvenus
» jusqu'à nous ?

» Mais c'est trop s'arrêter à des conjectures
» que l'imagination peut plier en tout sens, &

» rendre à volonté contraires ou favorables.
» Voyons ſi ceux qui ſont prévenus contre la
» police des pêches, tirent plus d'avantages des
» eſſais qu'on a fait dans les ſiécles derniers.

» Pour décider d'après ce qui s'eſt paſſé dans
» les tems poſtérieurs, qu'il eſt inutile d'établir
» une police dans les pêches, ou de s'occu-
» per à réformer celle qui eſt déjà établie ; il
» faudroit prouver qu'on a tout vu , qu'on
» a pris les meſures néceſſaires pour obvier
» à tout, & qu'on n'a point réuſſi. Mais il
» s'en faut bien que les choſes ſe ſoient paſſées
» ainſi.

» Premierement, la police qui juſqu'à pré-
» ſent a toujours fait des progrès vers ſa per-
» fection, a toujours fait auſſi des faux pas, &
» dans ces circonſtances un faux pas ſuffit pour
» priver du fruit de tout le reſte. Les Chefs
» des Peuples ne peuvent tout voir par eux-
» mêmes , il faut qu'ils confient les détails à des
» yeux étrangers. De ces détails générali-
» ſés , ſortent pourtant les principes d'où
» naiſſent les Réglemens. Si les détails ſont
» mal choiſis , les généralités mal dirigées , les
» principes ſeront faux , & l'on voit quelles
» Loix peuvent en réſulter. Ne doivent-elles
» pas reſſembler à ces remédes déplacés & ad-

miniſtrés

» miniftrés avec confiance, qui fans attaquer la
» caufe, ne font propres qu'à donner au Ma-
» lade & au Médecin une fauffe & dangereufe
» fécurité. Admirons jufqu'à quel point des com-
» binaifons manquées & des expofés captieux,
» peuvent féduire l'efprit du Légiflateur. L'Or-
» donnance de 1681, contre fes propres maxi-
» mes, rétablit l'ufage du filet le plus perni-
» cieux dont on puiffe ufer, filet que l'Edit
» de 1584 avoit fupprimé, & que dans la fuite
» on a été obligé d'abolir de nouveau. Et de
» nos jours n'avons-nous pas un exemple fub-
» fiftant d'une pareille méprife ? L'intention de
» la Loi a toujours été, ou a dû toujours être,
» d'interdire tout inftrument traînant, & c'eft
» en effet un principe dans l'économie des pê-
» ches, d'empêcher autant qu'il eft poffible
» qu'on ne trouble les fonds de la Mer : c'eft
» la fûreté des œufs & du poiffon du premier
» âge. Delà, la profcription de la dreige, de
» différens genres de feines & de beaucoup d'au-
» tres filets de cette efpéce. Pourquoi donc en
» avoir toléré un, qui feul fait dans bien des
» parages autant de dégât, qu'en faifoient tous
» les autres enfemble ? Un fac énorme à peine
» traîné par le bateau auquel il eft attaché, dé-
» grade en quelque forte les fonds fur lefquels

I

» il passe ,, absorbe presque tout ce qu'il ren-
» contre , & tue ce qui lui échappe. Il est vrai
» que ce n'est que pendant cinq à six mois de
» l'année , qu'il est permis aux Pêcheurs de se
» servir de ce filet. C'est-à-dire qu'on a fixé
» un tems pendant lequel il est permis de ra-
» vager le fond de nos Mers, de dépeupler nos
» côtes , d'attaquer dans son principe, la mul-
» tiplication des espéces. Avant l'usage de ce fi-
» let meurtier , qui dans bien des endroits ne
» remonte pas fort loin , nos Mers fournis-
» soient encore , sinon abondamment, au moins
» assez fréquemment de ces beaux poissons plats,
» que leur rareté fait regarder aujourd'hui com-
» me des phénomènes.

    » On voit par là que la police des pêches n'est
» pas encore parvenue à cette perfection vers
» laquelle elle avance de jour en jour. Pour
» en être encore convaincu par d'autres endroits,
» il ne faut que jetter un coup d'œil sur les pêches
» actuelles , sur les instrumens qui y servent ,
» sur leurs différentes manœuvres. Tandis qu'on
» s'efforçoit d'empêcher qu'on n'arrêtat aucun
» poisson au-dessous d'une grandeur désignée ,
» on permettoit l'usage de certains filets avec
» lesquels on arrête nécessairement ces mê-
» mes poissons fort au-dessous de la grandeur

» requife. On n'a point encore de maximes
» fixes fur ce qu'on appelle fretin : il eft pro-
» bable qu'on a pris & qu'on prend encore
» quelquefois pour fretin des poiſſons tout for-
» més, & d'autres fois pour poiſſons formés,
» un véritable fretin. Si l'on étoit parvenu aux
» connoiſſances néceſſaires & aux véritables
» points de vue, n'aurions-nous pas une po-
» lice générale & qui regarderoit nos deux
» Mers, tant fur la Manche que fur la Médi-
» terranée ? Les connoiſſances fondamentales
» une fois acquiſes, il auroit été aiſé de pour-
» voir en même tems de part & d'autre : quel-
» ques différences dans la nature des deux Mers
» & de leurs productions, auroient occaſionné
» quelque différence dans les Réglemens, mais
» n'auroient point arrêté le légiſlateur. En un
» mot ſi on ne ſentoit qu'en effet il nous man-
» que encore bien des lumieres, n'auroit-on
» pas rapproché tant d'Ordonnances, d'Edits
» & de Déclarations ? n'auroit-on pas retran-
» ché le ſuperflu, corrigé le défectueux, reſſerré
» le diffus, éclairci l'obſcur ? n'auroit-on pas fait
» un corps de tous ces membres divers ? n'au-
» roit-on pas fait une loi qui eût embraſſé
» toutes les autres, une loi ſtable, préciſe,
» claire, régle immuable de la conduite du

» Pêcheur , & l'époque de la sûreté des pro-
» ductions de la Mer ?

» Si l'on considére depuis quel tems on tra-
» vaille à la police des pêches, on fera surpris
» qu'elle n'ait pas fait plus de progrès ; mais
» si l'on considére la difficulté , on fera peut-
» être surpris qu'elle soit parvenue au point où
» elle se trouve. Pour s'y employer avec quel-
» que succès , il faut tant de connoissances &
» de tant de genres , il faut entrer dans un si
» grand nombre de détails & de détails si mi-
» nutiéux , il faut avoir tant d'objets présents
» tout à la fois à l'esprit , il faut tant d'exa-
» mens, de discussions , de combinaisons , qu'il
» y a plus à s'étonner de ce qu'on a fait quel-
» que chose , que de ce qu'on n'a pas tout
» fait.

» Il y a plus, les parties que la police des pê-
» ches a traité avec le plus de sagesse , n'en
» sont pas toujours pour cela le plus sagement
» administrées. Nous le disions il n'y a qu'un
» moment , une des fins principales que la loi
» se propose , est de mettre le fretin ou le pois-
» son du premier âge à couvert ; c'est le résul-
» tat des générations passées, le principe des
» générations futures , l'unique espoir des pê-
» ches à venir. Prendre le fretin & le poisson

» d'un âge avancé, c'eft cueillir le fruit & cou-
» per l'arbre. Mais les Réglemens qu'on a mis
» au jour à cet égard, font-ils bien obfervés?
» Ne fait-on plus ufage de ces filets dont le
» tiffu ferré laifferoit à peine échapper un ver-
» miffeau? Ne traîne-t-on plus ces long réfeaux
» qui moiffonnent tout? Ne détruit-on plus par
» la coupe prématurée du varech, ces retraites
» paifibles où le jeune poiffon trouve une nour-
» riture abondante & un afile affuré?

» Ceux qui font établis pour veiller fur ces
» objets, en conçoivent-ils toute l'importance?
» Sçavent-ils qu'ils font refponfables au Public
» & à l'Etat, du moindre dégât qui fe fait dans
» les parages où ils préfident? Sçavent-ils qu'au
» mépris des Réglemens & des Ordonnances,
» il fe pratique journellement les pêches les plus
» abufives, & les plus rigoureufement interdi-
» tes? Ils le fçavent fans doute, & ne peuvent
» y remédier. Faits pour fuppléer à la loi &
» interdire d'office ceux des abus qui auroient
» échappé à l'attention du Légiflateurs, feroient-
» ils capables d'autorifer par leur filence & leur
» inaction, ceux de ces mêmes abus qu'on au-
» roit fi expreffément abrogés. Nous ne pou-
» vons foupçonner une conduite fi oppofée à
» l'efprit des Ordonnances, dans les perfonnes

» mêmes qui se sont chargées de tenir la main
» à leur exécution. Les Pêcheurs instruits des
» conséquences de leurs contraventions, pren-
» nent des mesures si justes, qu'ils dérobent
» leurs démarches aux yeux des plus clairvoyans,
» & se soustraient ainsi à la rigueur de la loi.
» Combien de filets proscrits, par exemple,
» n'ont jamais vu le jour, & se déploient sur
» les grèves dans l'ombre de la nuit? L'obscu-
» rité rend ces pêches encore plus destructives,
» & leur assure en même tems l'impunité.

» Il y a beaucoup à desirer dans la police
» des pêches, & quand on aura pourvu à tout,
» il restera encore à trouver les moyens de faire
» exécuter les Réglemens prescrits. Tel qu'ait
» été l'ordre que jusqu'à présent on a voulu
» établir, on n'a pu en venir à bout à bien
» des égards. Une police nouvelle pourra être
» plus exacte, mais toujours sera-t-il tout aussi
» difficile de la faire observer.

» Ainsi de ce qu'on a entrepris de rétablir les
» Mers & de ce qu'on n'a pu y réussir, il ne
» faut pas conclure que la chose est impossible,
» il faut conclure seulement qu'on n'a pas pris
» tous les moyens requis. On ne doit pourtant
» pas penser que ces efforts renouvellés dans
» différens siécles, se soient renouvellés en pure

» perte : nous leur devons les vues les plus ju-
» dicieufes. Les fautes même qu'on a faites ,
» nous inftruifent, & fi elles n'enfeignent pas la
» route qu'on doit prendre, au moins montrent-
» elles celle qu'il faut éviter. De fi longs tra-
» vaux , loin de nous rebuter , doivent donc
» nous faire croire que les voies font applanies
» & que nous approchons du terme.

» Quant au coup d'œil qu'on nous fait jetter
» fur la marche actuelle de la Nature , fur l'af-
» foibliffement de fes refforts, fur fa dégrada-
» tion , cela regarde une queftion difcutée en-
» tre les Philofophes , mais point du tout dé-
» cidée. Ceux qui penfent que tout refte en
» état & que rien ne dégénére , en parlent
» peut-être avec trop de fécurité ; mais peut-
» être auffi , ceux qui foutiennent le contraire ,
» en parlent-ils avec un excès d'inquiétude. Les
» uns & les autres entendus , on ne voit pas
» que ceux-ci foient mieux fondés que ceux-
» là. Les chofes ont plufieurs faces , confidérées
» d'un certain côté elles paroiffent dégénérer ,
» confidérées d'un certain autre , elles paroiffent
» tout auffi bien qu'autrefois.

» La dégénération de toute la Nature en gé-
» néral étant incertaine , celle de la Mer en par-
» ticulier le devient néceffairement. Sur quoi il

I iv

» faut obferver que fi l'on ne confidére que la
» petite quantité des aquatiles, la dépopulation
» des côtes, le peu de rapport des pêches, &
» que fans porter fes vues plus loin, on appelle
» cela dégénération ; il n'en faut pas douter,
» la Mer a dégénéré plus qu'on ne peut dire.
» Mais fi l'on confidére dans cet élément le
» principe de fécondité, la puiffance réproduc-
» tive des familles qui l'habitent, la faculté de
» répeupler leurs habitations, pourvu que les
» hommes ne troublent pas effentiellement leurs
» opérations ; comment convaincre d'erreur ce-
» lui qui foutiendroit qu'à cet égard rien n'a
» dégénéré, que la Nature a toujours la même
» force & la même tendance à la propagation,
» & que l'expérience nous en rendra bientôt
» certains, pourvu qu'on la laiffe opérer en
» paix.

» Ce n'eft pas qu'on prétende que toutes les
» années foient également favorables à la multi-
» plication des aquatiles. Il en eft fans doute
» qu'on peut regarder comme ftériles ; mais il
» en eft d'autres fi fécondes, qu'elles auroient
» bientôt réparé cette ftérilité fi rien ne trou-
» bloit l'ordre, & il eft plus que vraifembla-
» ble que, le refte égal, ces inconvéniens &
» ces compenfations ont eu lieu de tout tems,

» même dans la jeunesse de la Nature.

» Mais on le suppose, des causes naturelles
» & irrémédiables, tiennent la Mer dans l'en-
» gourdissement, les saisons sont essentielle-
» ment changées, la rigueur des hivers dépeu-
» ple nos côtes, la Nature souffre & s'épuise,
» elle languit, elle touche à sa vieillesse. Si
» nous n'en avons pas encore assez dit, qu'on
» ajoute à ces inconvéniens, tous ceux de ce
» genre qu'on imaginera. Qu'en veut-on con-
» clure ? Il est certain que moins la Nature
» devient libérale, plus ses dons deviennent
» précieux, plus nous en devons user avec éco-
» nomie. Si elle étoit dans toute sa vigueur,
» elle demanderoit encore des ménagemens;
» si elle languit, elle en demande bien davan-
» tage. Cette perspective affligeante devroit el-
» le-même concourir à réveiller notre atten-
» tion sur la police des pêches ; que seroit-ce
» si la stérilité dont nous nous plaignons, n'a-
» voit d'autre source que l'avidité du Pêcheur
» & notre négligence à la réprimer ?

» N'en croyons pas des gens trop aisés à dé-
» courager. Ils pensent que la Nature dégé-
» nére, ils ne voient pas que c'est eux qui
» n'économisent pas assez ses productions. Ils
» se lassent de chercher des remédes, & pour

» autoriser leur négligence , ils attribuent nos
» maux à des causes supérieures. Plus sages
» qu'eux, n'abandonnons point notre champ au
» pillage , parce qu'on y auroit fait des dégats.
» Ouvrons les yeux sur ce champ défolé , plus
» il eft expofé , plus nous y devons veiller avec
» affiduité. Le fiécle où nous vivons eft un
» des plus éclairés qui aient jamais été : que
» nos neveux n'aient pas à nous reprocher d'a-
» voir négligé une matiere qui nous touche
» de fi près. Que ceux des Sçavans qui fe trou-
» vent à portée de la Mer, tournent leurs yeux
» fur cet Elément fi digne à tous égards de
» les occuper. Mais qu'ils ne s'arrêtent pas à
» admirer les couleurs variées de la robe d'un
» coquillage , ou à compter les offelets des
» nâgeoires de nos poiffons. L'affiette des Mers,
» la nature des fonds , l'organifation des pro-
» ductions marines , la nutrition , la multipli-
» cation , les mœurs des poiffons , tout cela
» confidéré relativement aux pêches ; voilà les
» objets auxquels ils doivent leur attention.
» Puiffent leurs travaux être encouragés, & les
» reffources dont ils auront befoin , ne leur
» manquer jamais.

ARTICLE III.

Principes fondamentaux de la police des Pêches.

VOILA je pense ce qu'on peut dire pour
& contre la police des pêches. Le plus
grand nombre, comme je l'ai déjà dit, est du
côté de ceux qui se déclarent en sa faveur,
& je vois qu'on persiste assez généralement à
demander qu'on remette l'affaire des pêches
en mouvement & qu'on essaye encore de réprimer les abus. J'ai exposé les raisons des autres avec le plus de netteté qu'il m'a été possible, je les laisse maintenant dans l'inaction
gémir sur le dépérissement des aquatiles, &
je me tourne du côté de ceux qui y cherchent des
remédes. Voyons de quelle nature doivent être
ces remédes, s'il en est.

Considérons le poisson depuis l'œuf d'où il
éclôt, jusqu'à ses derniers développemens, jusqu'à l'état de perfection. Séparons ce tems en
deux périodes. Donnons au premier le travail
intestin des œufs & du frai, la naissance du
poisson & tout le tems de cette débile ado-
lescence, où le poisson qui grandit est pourtant
encore hors d'état de nous servir d'aliment.

Donnons au second la jeuneſſe du poiſſon &
ſon âge de maturité. Alors il eſt en état d'être
ſervi ſur nos tables, il touche à ſa grandeur naturelle & à ſa perfection. Dans le premier pé-
riode, le grain germe ou eſt en herbe, tout
doit être intact ; dans le ſecond, la moiſſon
eſt mûre ou approche de ſa maturité, c'eſt le
tems de la récolte. Mais ici le mûr eſt mêlé
avec le verd, le fruit avec la fleur, l'embarras eſt de cueillir l'un ſans bleſſer l'autre.

Le frai mérite notre premiere attention. Dé-
poſé ſur les fonds où une chaleur vivifiante le
pénetre, il ne demande que du repos pour
mettre au jour mille eſpéces d'aquatiles. Il faut
donc épargner les fonds. Tout ce qui les balaye, les brouille, les dégrade, eſt contraire au
développement des œufs, trouble les opérations de la Nature & attaque la multiplication
dans ſon principe. Cette vie nouvelle que l'approche de la belle ſaiſon ſemble donner à toute
la Nature, ſe répand ſous les eaux comme ſur
la ſurface de la terre ; elle ſe porte vers la
haute mer juſque dans ces retraites profondes
où l'hiver avoit relegué les poiſſons ; là, elle
ranime ces aquatiles & les rappelle vers le rivage. Bientôt leur ſang prend un mouvement
plus vif, leurs organes ſe dilatent, les voies

de la génération s'ouvrent, d'un côté les œufs & de l'autre la liqueur qui doit les vivifier se forment, la fécondation s'opère, le frai, je veux dire les œufs fécondés, tombent par milliers & se déposent sous l'eau. La plus grande partie des fonds qui bordent le rivage, sont alors couverts de ce précieux depôt, & c'est surtout vers ces tems, que doivent redoubler les attentions, pour que rien n'interrompe le cours de tant de générations.

Les poissons nouvellement nés ne demandent guères moins de ménagement. Ils n'ont presque aucune consistence, & le moindre choc est capable de les écraser. La chaleur qui pénetre les eaux du rivage est un attrait qui les retient sur les côtes pendant tout l'été & une partie de l'automne. Ils vont ordinairement par troupes, que les Pêcheurs nomment lits. Avec quelles précautions ne doit-on pas alors pratiquer la plûpart des pêches? Pour peu qu'on traverse les lits de ces petits poissons, pour peu qu'on les heurte, qu'on les fatigue, qu'on les tracasse, c'est fait de toutes ces familles naissantes.

Le poisson qui commence à grandir & à prendre des forces doit encore être épargné. Delà l'attention qu'il faut donner à la grandeur des mailles des filets. Cette grandeur doit être relative à l'espéce qu'on se propose de prendre ; de maniere que le filet soit d'un tissu assez rare pour laisser échapper tout le fretin de cette espéce ; & assez ferré pour arrêter le poisson de certain volume. Malheureusement différentes espéces se trouvent souvent confondues les unes avec les autres , & le filet ne peut être relatif à toutes. Le fretin de l'une a quelquefois autant de volume que les forts poissons de l'autre , & tandis que le filet arrête ces derniers , nécessairement il arrête aussi les premiers. Cet inconvénient a lieu surtout à l'égard du poisson plat , tant à arête que cartilagineux , comme nous ne tarderons pas à l'expliquer ; & l'on ne voit pas que les Réglemens y aient encore pourvu.

Le poisson même parvenu à une grandeur convenable ne doit être pêché qu'avec bien des attentions ; car si nous devons des égards à ce qu'on prend, nous en devons aussi à ce qu'on ne prend pas. On doit, par exemple , éviter autant qu'il est possible de salir la pureté des eaux, dans les endroits surtout où certaines pêches se pratiquent habituellement. Il est des filets qui résidant trop long-tems sur les fonds, arrêtent & accumulent toutes les immondices que le flot emportoit à la côte ; & l'on con-

çoit que ces amas impurs venant à fermenter &
à entrer en corruption, doivent porter au loin
l'infection, faire périr beacoup de poissons &
forcer le reste à s'éloigner.

Des pêches encore dangereuses, sont celles
qui se font avec fracas. Le genre aquatile frappé d'étonnement & de terreur, fuit de toutes
ses forces, & quelquefois si loin, qu'il ne revient
plus ; c'est ainsi qu'on a vu souvent des parages très-peuplés, devenir déserts en peu de
tems. Je ne dirai rien ici de ce feu trompeur
qu'on présente quelquefois pendant la nuit aux
poissons, & qui les invite à approcher du piége
qu'on leur tend. Quand par hasard ils évitent
ce piége, dans lequel ils donnoient avec tant
de confiance, ils sont surpris d'un saisissement
si vif & prennent la fuite avec tant d'action
& de célérité, qu'eux-mêmes jettent au loin
des rayons de lumiere, & épouventent tous
les autres poissons des environs qui fuient de
côté & d'autre & souvent ne reparoissent
plus.

Je ne parlerai point non plus de ces préparations pernicieuses, de ces appas enivrans,
dont malheureusement on n'a pas encore oublié
la vertu. Les drogues qui les composent, sont
presque toutes âcres & aromatiques. Les par-

celles qui en émanent portent à la tête du poiffon & l'étourdiffent, c'eft l'opium des aquatiles. Le poiffon qui en a goûté eft attaqué d'une
efpéce d'yvreffe, il s'agite, il plonge, il s'é-
léve, il nage ou plutôt chancelle à la furface
de l'eau, & on le peut prendre à la main. S'il
n'eft pris, il meurt empoifonné. Peut-être même empoifonne-t-il ceux des autres poiffons
auxquels il fert de pâture, peut-être que les
particules de ces drogues pernicieufes portent
la mort d'individu en individu, jufqu'à ce
qu'elles perdent leur activité & s'énervent à
force de s'étendre.

Jufqu'ici nous n'avons parlé que de la qualité du poiffon qu'on doit prendre, & de la
maniere dont on le doit pêcher; il nous refte
encore quelque chofe à dire de la quantité, &
j'obferve d'abord que perfonne n'a encore porté
fes vues de ce côté-là.

La nature, regardée comme féconde à tous
égards, & fur-tout à l'égard des aquatiles, a
toujours paru en état de remplacer tout ce
qu'on enleveroit à la Mer, pourvu qu'on épar-
gnât le frai & le poiffon du premier âge. On a
donc dit aux Pêcheurs, ne nuifez point aux
fonds, ménagez le poiffon nouveau né, & au
refte tirez de la Mer tout ce que vous en
pourrez

pourrez tirer. Peut-être a-t-on eu raiſon. Cependant s'il eſt vrai que la Mer ne ſoit pas iné-
puiſable du côté de ſes productions, s'il a fallu
veiller à la qualité des poiſſons qu'on arrête, &
à la manière de les arrêter, je ne vois pas
pourquoi il ſeroit inutile de veiller à la quantité
qu'on enlève. Quelque vaſte, quelque peuplé
que ſoit un étang, des pêches trop réitérées ne
peuvent manquer de l'épuiſer. Nos différens
parages ſeroient-ils hors du cours ordinaire ?
Ne peut-il s'y faire.des pêches trop nombreuſes,
trop fréquentes, trop deſtructives, proportionnellement à leur étendue & à leur fécondité ? Nous ne devons pas regarder comme à
nous les richeſſes de toutes les Mers ; la Provi_
dence les a diſtribuées aux différentes Nations ;
nous en avons notre portion, comme elles ont
la leur. Si nous ravageons nos côtès, il ne faut
pas penſer que les Mers voiſines viennent y
refluer avec toute leur abondance, & les repeupler à meſure que nous les dépouillons. Il
y a liaiſon, il y a communication, les habitans
d'une Mer peuvent ſe répandre & pullulet dans
une Mer voiſine & épuiſée ; mais cela eſt tardif,
& ne peut abſolument point ſuppléer à nos ravages. En un mot nous devons nous regarder
comme les poſſeſſeurs d'une petite bande de la

K

Mer, & d'un petit troupeau marin qui nous suffira, si nous en usons avec économie, mais qui nous manquera, si nous lui demandons trop.

Rappellons-nous ces tems d'abondance, qui ne sont pas encore fort éloignés, & où la Mer fournissoit une quantité de poisson, dont on n'a plus eu d'exemples depuis. Je dis ces tems d'abondance, je n'ose dire ces tems de fécondité ; car la Mer n'étoit pas sans doute plus féconde qu'elle n'est aujourd'hui, & qu'elle n'étoit auparavant. Mais dans ce tems-là le nombre des pêches, aussi-bien que celui des abus, se multiplia plus que jamais, par le débit du poisson & la facilité qu'on commençoit à avoir de le porter fort avant dans les terres. On vit donc plus de poisson, parce qu'il se faisoit plus de pêches, & il s'en fit tant, que les espéces ne purent fournir, & qu'on a lieu de croire que ç'a été une des causes de la disette dont on se plaint tous les jours. Peut-être même qu'actuellement les pêches sont encore trop fréquentes, eu égard à l'état de nos Mers. On nous fournit peu de poisson, mais on pourroit bien nous en fournir encore une trop grande quantité. Pour demander trop à des familles épuisées, il ne faut pas leur demander beau-

coup. Quand on détruit les souches, a-t-on lieu
de compter fur les rameaux ?

Si cela eft, la nature d'un côté a beau continuer fes efforts pour repeupler nos côtes ; d'un
autre côté, la politique a beau réformer la police des pêches ; avec les fecours mutuels qu'elles fe peuvent donner, ni l'une ni l'autre ne
feroit capables de furmonter des obftacles
toujours renaiffans, ni de réparer des pertes qui
fe fuccedent fans fin. Nous n'avons nulle abondance à attendre, & nous devons craindre
qu'une plus grande difette ne nous foit réfervée.
Malheur à nous, fi les pêches devenues encore
plus nombreufes & plus deftructives, quoique
conformes à la Loi, alloient faire reparoître
une abondance momentanée. Cette fauffe ri-
cheffe feroit femblable à celle d'un prodigue
qui diffiperoit en une femaine des provifions,
qui ménagées comme elles devroient l'être,
auroient pû remplir les befoins d'une année.

Difons plus ; je fuppofe qu'on n'auroit point
lieu de fe plaindre de la multiplicité des pêches ; fi l'on n'enlevoit à la Mer que les poiffons parvenus à une grandeur convenable. Mais
tandis qu'on pourfuit ceux-ci, combien ne nuit-
on pas à ceux qu'on fe propofe d'épargner ? La
moitié des pêches exige des manœuvres qui,

pour quelques poissons d'une grandeur médiocre qu'on arrête, détruisent plus de fretin qu'on
ne peut dire. Ainsi la multiplicité des pêches est
toujours à craindre, ne fût-ce que par cette
destruction qui augmente proportionnellement.

Malgré toutes les raisons que nous venons
d'exposer, & tous les motifs qu'on a de réprimer les moindres abus, il ne faut pourtant pas
lier les Pêcheurs au point de les réduire à ne
pouvoir pratiquer leurs pêches avec fruit ; &
c'est ici que la plus grande sagacité ne seroit
peut-être pas suffisante pour balancer les raisons qui se présentent de part & d'autre. Il y
a tant à ménager, & du côté du peuple trop peu
pourvu de productions marines pour qu'on
puisse diminuer encore considérablement ses
provisions, & du côté des Pêcheurs qu'on ne
doit pas réduire à l'inaction ou à un travail in-
fructueux, & du côté de la dépopulation des
côtes qui demande un prompt reméde, qu'on
ne sçait trop quelle porte ouvrir, ni quelle
voie indiquer dans cette espéce de labyrinthe.
Une juste compensation entre tous ces objets,
est difficile à appercevoir, & c'est pourtant ce
qu'il importe de saisir. Ce seroit à cet égard
mettre le comble à la sagesse, si l'on prenoit
des mesures assez précises pour ne point dimi-

nuer fenfiblement le produit des pêches, qu'on
réprimeroit peu à peu, & pour rendre dans le
cours de quelques luftres, fon ancienne fertilité
à la Mer, qu'on repeupleroit auffi peu à peu &
par degrés.

Nous ne nous étendrons pas davantage fur
cette matiere ; nous n'établiffons que des généralités ; les détails, on en trouvera les princi-
paux dans le cours de cet ouvrage. Ce font
feulement ici les principes d'où nous partirons
dans la fuite, & d'où le Lecteur partira lui-même ; car notre intention n'eft pas tant de raifonner vis-à-vis de lui, que de raifonner avec lui

Les arrangemens néceffaires pris à tous ces
égards, il reftera encore à pourvoir à ce qui
concerne d'ailleurs les pêches, & c'eft en ceci
qu'on ne peut trop favorifer les Pêcheurs. Nous
avons vu combien ils font, je ne dis pas utiles,
mais effentiels à l'Etat : c'eft la plus abondante,
peut-être l'unique pépiniere d'excellens Matelots ; mais elle tombera en décadence, fi on
ne la cultive avec foin.

On ne peut trop faciliter aux Pêcheurs les
moyens de fe procurer tous les matériaux dont
ils ont befoin pour leurs bateaux, leurs filets,
leurs manœuvres, fur-tout pour la préparation
du poiffon qui doit fe conferver.

La liberté du commerce est encore une chose qui leur est essentielle. Que d'épines le Pêcheur trouve sur sa route à tous ces égards !

Il faudroit aussi prendre des mesures pour que leurs travaux fructifiassent entre leurs mains, & non pas dans des mains étrangeres ; il faudroit empêcher que quelques particuliers ne devinssent puissans d'une force qui soutiendroit la foule, si elle y étoit distribuée.

Qu'on ne pense pas qu'en favorisant, autant qu'il est possible, le commerce des pêches, on aille répandre parmi les Pêcheurs les richesses & l'abondance. Une extrême aisance qui éleveroit leurs vues au-delà de leur état, & qui feroit sortir les familles des Pêcheurs de la profession de leurs peres, seroit presque aussi dangereuse qu'une extrême misere qui les forceroit à quitter une profession qui ne fourniroit point aux besoins de la vie les plus urgens. Il faut les tenir dans certain milieu, de maniere que l'ambition en les élevant, ou la misere en les déprimant, ne puisse les porter à sortir de leur état. L'une & l'autre porte fermée, les Pêcheurs fourmilleront.

Il ne faut pas un grand effort de politique, pour trouver ce juste milieu, & y contenir les Pêcheurs. Quelque avantage qu'on leur procure,

quoi qu'on faſſe en leur faveur, ils reſte-
ront bien au-deſſous de cette abondance ex-
ceſſive dont nous venons de parler, & l'on
aura toujours plus lieu de craindre que l'Art ne
tombe parce qu'il ne fournira pas aſſez, que
parce qu'il fournira trop.

Il me reſte une réflexion. La premiere attention du Légiſlateur doit être donnée au caractere
de la Nation à laquelle il veut impoſer des
Loix. Il faut diriger la Nature, & non pas la
repóuſſer. Trop libre, elle ſort des bornes ;
trop contrainte, elle rompt ſes liens. Ce grand
principe, qui fait le fondement ſolide ou rui-
neux des Empires, devroit être encore préſent,
quand après les Loix générales, on vient à en
établir de particulieres pour chacun des différens Etats. Chaque profeſſion doit être regardée
comme un petit Etat, dont les ſujets ont leur
caractere particulier. Si les Loix qu'on leur
donne n'entrent pas dans ce caractere, la profeſſion tombe ou languit. Ceci eſt particuliere-
ment vrai de la pêche, & ſi les Artiſtes ont un
caractere à part, ſuivant leur art, ce ſont ſur-
tout les Pêcheurs. Leur génie ſe ſent un peu de
la rudeſſe de l'Elément qu'ils pratiquent. Toujours occupés ou à ſe préparer, ou à manœuvrer, leurs vues s'étendent rarement au-delà

de leurs filets. Jettés loin du centre des continens, sur le bord des Mers, toute habitude
est en quelque sorte rompue entr'eux & le reste
des hommes. Leur ignorance & leur peu d'u-
sage les rendent timides à bien des égards. Gens
simples, & conséquemment attachés aux anciens
usages, ils ne les quittent qu'à regret, & sont
toujours prêts à les reprendre. Ils préféreront
une pêche peu fructueuse, mais qu'ils pratiquent de tems immémorial, à une plus abondante, mais nouvelle pour eux. Toute nouveauté, même avantageuse, leur est suspecte; & si
une force supérieure les y soumet, ils gémiront
long-tems sous le joug. Les Loix les gênent singulierement, & leur multiplicité les embar-
rasse encore plus. Un petit nombre de Réglemens mis à leur portée, & une pleine liberté
à tout autre égard, c'est, ce me semble, le
seul moyen de les mettre à l'aise & de les faire
prospérer.

Nous aurions encore beaucoup de choses à
ajouter aux généralités que nous venons d'établir dans ce Volume; mais ce que nous avons
omis d'intéressant, on le trouvera dans le Volume suivant.

Fin de la premiere Partie.

E S S A I

SUR

L'HISTOIRE ŒCONOMIQUE

DES MERS OCCIDENTALES

DE FRANCE.

SECONDE PARTIE.

CHAPITRE PREMIER.

De la Pêche des Cétacées du canal, ou des Marſouins.

CHEZ les Phyſiciens, ce qui conſtitue la famille des cétacées dont les Marſouins font une branche, ce qui les diſtingue des autres poiſſons, ce qui les rapproche, ou plutôt les réunit aux quadru-

pedes, c'est l'organisation essentielle, la même
que dans ces derniers. Ils respirent l'air, ils
s'accouplent, ils mettent au jour leurs petits
vivans, les allaitent, les éduquent, & ne les
abandonnent à eux-mêmes que fort tard ; ce
sont de véritables quadrupedes, ou si on ne
peut pas les appeller ainsi, c'est que les quadrupedes sont mal nommés. Pourquoi avoir tiré
cette dénomination d'une forme qui ne fait rien
à l'essence de la chose ? Pourquoi ne l'avoir pas
tirée de l'économie des ressorts par lesquels
l'animal végete & procrée ? Il vaudroit mieux
qu'un nom ne signifiât rien, comme sont presque tous ceux des espéces, que de signifier
quelque chose qui gênât nos idées, & pervertît
leur ordre. Qu'importe que les animaux ayent
quatre pieds, ou deux, ou n'en ayent point du
tout ; si les organes de la vie & de la génération, sont effectivement les mêmes, ces animaux sont essentiellement de la même famille.
Cependant les Naturalistes éloignent les cétacées des quadrupedes, de toute l'étendue d'une
classe, parce que les uns ont des pieds, les autres des nageoires ; & afin qu'il ne manquât
rien à la singularité de leurs idées, ils ont dis-
tingué les cétacées de tout autre poisson, par la
situation de leur queue, qui est horisontale ; en

forte que s'il se trouve quelque poisson essentiellement le même que la Baleine, mais dont
la queue ne soit pas couchée horisontalement, il
faudra l'exclure du rang des cétacées,& le placer
je ne sçais où.

Les Physiciens ne s'accorderont jamais avec
les Naturalistes: ceux-là veulent ranger les êtres
selon la nature de leurs organes essentiels, la
plûpart internes ; ceux-ci selon la disposition de
leurs parties externes ; les uns s'attachent au
fond, les autres à la forme.

Quoi qu'il en soit, on diroit que la Nature
a peine à s'écarter de l'organisation des quadrupedes. Sur le modéle d'animaux faits pour
habiter les continens, elle en a construit d'autres qu'elle destinoit à peupler les eaux; ce sont
les cétacées. Les Mers du Nord en nourrissent
d'une grandeur démesurée ; quelques-uns sortent de ces Mers, & s'égarent, & il en parvient quelquefois jusqu'à Nous. Ils n'entrent
guères dans la Manche, qu'ils ne s'échouent
tôt ou tard. On accourt alors de tous les environs pour les voir, & en effet c'est un spectacle
que le hasard ne donne que rarement.

Le canal, comme on voit, ne fournit que
les plus petites espéces de ce genre ; c'en est
encore trop. Les Pêcheurs sont pour les poissons

des ennemis étrangers ; il en est de domestiques qui peut-être ne font pas moins de ravages, tels sont les Marsouins. Ces animaux gloutons font sans cesse la guerre la plus sanglante, à tout le genre aquatile. Nos Mers en fourmillent, & on les voit quelquefois parcourir en foule nos parages. Quel dégât ne suit pas ces bandes affamées ! Ceux des poissons qui échappent au carnage, fuient de toute part, & se retirent du côté du rivage, où leurs ennemis, dans la crainte de manquer d'eau, n'osent les poursuivre. Jamais les pêches qui se pratiquent sur les grèves, ne font plus abondantes qu'alors ; ces poissons effrayés ne connoissant d'autre danger que celui qu'ils cherchent à éviter, se jettent en foule dans les filets, où ils semblent chercher un réfuge. On voit par-là combien il seroit, je ne dis pas utile, mais essentiel, de faire la chasse aux Marsouins.

Il y a des endroits où les Pêcheurs s'assemblent quelquefois pour aller faire cette pêche. On dit que l'harmonie a des charmes pour les Dauphins, & il y a long-tems que la Fable a consacré leur goût pour la musique, par la célebre aventure d'Arion. Je doute que la modulation pût faire des impressions bien touchantes sur nos Marsouins, & j'ai peine à croire qu'ils ayent l'oreille aussi-bien organisée, que celle du Dauphin a passé pour l'être. Il est seulement certain que le grand bruit les effraye & les met en fuite ; & c'est sur cette aversion des Marsouins pour le bruit, que porte toute la manœuvre de la pêche que nous avons à décrire.

Les Marsouins vont en troupe, & quand ils sont las du carnage, si la Mer est calme & le tems chaud, ils se jouent à fleur d'eau, & assez près du rivage. Quand un Pêcheur en voit un certain nombre, il avertit ceux de ses compagnons qui se trouvent à portée ; bientôt ils se rendent tous au lieu marqué, avec des barques pourvues de monde & d'instrumens sonores, sur-tout de chaudrons, poëlons & autres de cette espéce. Leur arrangement pris, ils se séparent, filent à droite & à gauche, prennent un long circuit, & vont se rejoindre au-delà des Marsouins : là ils s'arrangent en demi-cercle, ayant la pleine Mer en arriere, & en face la côte & les Marsouins. Le signal donné, tous ensemble commencent à faire le plus de bruit qu'il est possible. Les Marsouins épouvantés, cherchent à s'éloigner de ce tintamarre inusité, & prennent la fuite du côté du rivage : les Barques & leur équipage bruyant, poursuivent, & le poisson s'avançant toûjours du côté des terres, quelques-uns échouent enfin, & tombent entre les mains des Pêcheurs. Les autres encore plus effrayés du rivage où l'eau commence à leur manquer, que du son qui les étourdit, font face, plongent au-dessous des Barques, & affrontant un péril imaginaire, en évitent un réel, & qui leur auroit été fatal.

Qui ne croiroit que des poissons amenés à terre au milieu de tous ces embarras, appartiennent de plein droit à ceux qui se sont donné tant de peine? Cependant à peine se réunissent-ils pour distribuer entr'eux le produit de leur pêche, que des gens qui se sont fait un amusement de leur manœuvre pénible, & qui du bord de la Mer ont assisté à cette pêche, comme à un spectacle, se présentent pour en partager le fruit, & en revendiquent la moitié.

La bande qui borde la Mer est comme l'intérieur des terres, distribuée en petites Seigneuries. Chaque Seigneur a des droits sur son rivage, & entr'autres celui qu'on appelle en Normandie droit de Varech : mort ou vif, tout ce que la fortune des Mers y apporte, les Seigneurs de Fief le mettent sous leur garde ; &, à l'exception de certaines choses que le Roi s'est réservées, le tout leur reste, si personne ne réclame dans un tems limité. Le droit que la Loi leur donne fur les chofes que le hafard dépofe dans les bornes de leurs territoires, ils veulent l'étendre fur ce que l'induftrie des hommes y amene ; & quelques-uns ont prétendu que les Marfouins forcés de s'échouer, comme nous venons de le dire, leur appartenoient. Cependant les Pêcheurs réclament le fruit de leurs travaux ; leur laffitude annonce leur droit, & prouve que ce n'eft point ici le cas d'une fortune de Mer. Le Seigneur du Fief ne peut fe refufer à l'évidence ; il ne veut pourtant pas renoncer tout-à-fait à fes prétentions ; il croit prendre un jufte milieu, en faifant à peu près le partage du Lion ; il s'empare de la moitié du produit de la pêche, & abandonne le refte aux Matelots. Rebutés par ce partage injufte, & réduits à ne pouvoir plus faire cette pêche avec avantage, les Pêcheurs l'ont prefque tout-à-fait abandonnée ; & c'eft ainfi que l'avidité du plus fort opprime l'induftrie du foible.

Eft-ce ici le hafard qui agit ? L'appareil qui précede & accompagne la pêche dont nous parlons, reffemble-t-il à un coup de mer qui jette fur le rivage quelques débris ou quelque poiffon égaré ? *L'aide d'homme*, pour me fer-

vir des termes d'une Loi sage, n'a-t-elle pas lieu ;
& l'industrie qui, à plus forte raison, exclut
toute prétention de cette espéce, n'a-t-elle pas
tout dirigé ? D'ailleurs, si ce poisson appartient
aux Seigneurs de Fief, pourquoi le partager
avec le Pêcheur ? N'est-ce pas vouloir récom-
penser sonindustrie;& reconnoître son industrie,
n'est-ce pas reconnoître qu'on n'a aucun droit
à la pêche qui en est le fruit ? Vouloir partager,
n'est-ce pas s'exclure ?

Mais je suppose que ce poisson soit dans le
cas de la Loi. Qui doit s'en mettre en posses-
sion ? Est-ce le Domaine, est-ce le Seigneur du
lieu ? Tout poisson royal échoué appartient au
Roi : celui-ci est-il royal ? Quelques Jurifcon-
fultes appellent Royal tout poisson d'une grandeur extraordinaire ; si l'on en excepte la Baleine. En ce cas on ne peut douter que le Marfouin ne soit un poisson royal.

L'esprit des Législateurs n'a pu être de faire
passer dans des mains oisives, le fruit du travail
de qui que ce soit. Si jamais on a fait parler la
Loi en faveur de pareilles prétentions, c'est
qu'on en a détourné le sens ; & si en effet quelque Réglement les favorifoit, ce seroit un Réglement à abroger.

Bien loin d'abandonner le foible au fort, &
de

de priver le Pêcheur de ce qu'il recueille à la
sueur de son front, il faudroit au contraire
l'exciter par des récompenses, à faire cette pêche le plus fréquemment qu'il seroit possible.
Le bien public l'éxige, & est ici d'accord avec
la justice qu'on doit aux particuliers. Nous
avons dit combien les Marsouins sont avides;
nos Mers paroissent à peine fournir à leur vo-
racité, & je ne doute point que la paix dans
laquelle on laisse croître & multiplier cette famille gloutonne, ne contribue fort à la stérilité
de nos côtes. On ne peut trop encourager à
leur faire la guerre, & s'il se pouvoit, à en
éteindre l'espéce. Celui qui ôte la vie à un
Marsouin, la conserve à des milliers de poif-
sons, & la donne, en quelque sorte, à leurs
générations futures.

Il est dans quelque canton des bords de la
Manche, un droit peut-être tout aussi peu fondé
que celui dont nous venons de parler, mais
certainement bien moins contraire au bien public, & à l'encouragement qu'on doit aux Arts.
Quand les Pêcheurs de ce canton ont pris un
Marsouin, ils sont obligés de le transporter à
la maison du Seigneur, & de lui en faire hommage. Cette cérémonie ne se fait point sans une
forte d'appareil : les Pêcheurs portent le Mar-

L

fouin comme en triomphe, précédés & fuivis de beaucoup d'autres qui ne font là que pour orner le cortége. Cette cohorte ruftique arrivée, on approche le poiffon, & foulevant fa queue, on s'en fert comme d'un marteau pour frapper à la porte. C'eft en quoi confifte l'hommage; quand on a frappé à trois reprifes, l'hommage eft rendu; on fe retire, & le poiffon acquitté de tout devoir, refte à ceux qui l'ont pris. Il feroit à fouhaiter que les Seigneurs dont nous avons parlé précédemment, euffent un femblable droit, & n'en euffent point d'autre; le Pêcheur fe foumettroit fans peine, & le Public n'en fouffriroit point.

Il étoit un moyen d'éluder la perfécution des Seigneurs de Fief, & plufieurs fois on en a donné avis aux Pêcheurs. Les Navigateurs prennent quelquefois des Marfouins, en les atteignant avec le harpon. Cette forte de pêche ne fe pratique point dans nos parages, & entr'autres elle eft inconnue fur les côtes de Baffe-Normandie. On a dit à nos Pêcheurs; » fabriquez un grand javelot, à l'extrémité du- » quel vous attacherez une corde menue, lon- » gue de plufieurs braffes; quand vous ferez » en Mer, dardez ce javelot fur le Marfouin » qui fe trouvera à portée. L'animal bleffé,

» plongera, fuira, s'agitera ; mais par-tout il
» emportera le trait & le cordeau qui y fera
» attaché. Enfin il perdra fes forces avec fon
» fang, & par le moyen de la petite corde,
» vous l'amenerez à bord avec facilité. Tout
» vous engage à tenter cette pêche : tous les
» jours vous vous trouvez environnés de Mar-
» fouins, & ils s'approchent fi près de vos ba-
» teaux, que le plus fouvent il n'y auroit point
» à lancer, il ne faudroit que laiffer tomber le
» harpon. Vous purgerez vos côtes de ces ani-
» maux deftructeurs, qui rendent vos pêches fi
» ftériles, & vous jouirez en paix du fruit de
» vos peines, que vous n'aurez plus à partager
» avec un compétiteur oifif. «

Les Pêcheurs ont prêté l'oreille à cet avis ; ils
l'ont approuvé, & ne l'ont point fuivi. Toute
chofe nouvelle leur paroît impraticable, par-
là même qu'elle eft nouvelle ; non pas que leur
pénétration leur découvre des difficultés, c'eft
la défiance qu'ils ont de leur pénétration, qui
les intimide ; fans rien voir, ils craignent tout.
Ainfi on a en vain confpiré contre les Marfouins ; de tous nos poiffons, le plus pernicieux
à nos côtes vit dans une parfaite fécurité.

A entendre beaucoup de gens, il fembleroit
que le Marfouin une fois pris, perd fa force ou

n'en use point; on peut, disent-ils, l'arrêter dans les filets les plus déliés. Je sçais pourtant que pour tenter cette pêche, quelques Pêcheurs ont fabriqué des filets avec des cordons presque aussi gros que le doigt, & n'ont pu y réussir, parce que ces animaux mettoient ces filets en piéces. Les mêmes Pêcheurs engageoient dans quelques mailles du filet des poissons pour servir d'appas, & ils observoient que le Marsouin n'y couroit point, mais bien à celui qui venoit se prendre dans ce même filet. A ce propos, ils disoient que tout ce que main d'homme avoit touché, les Marsouins n'en approchoient jamais. Si le fait est réel, il ne faut pas croire que l'attouchement de l'homme y donne lieu; on doit plutôt penser que, comme certaines bêtes féroces, le Marsouin ne dévore aucun des animaux qu'il trouve morts.

CHAPITRE II.

Des Poiſſons Cartilagineux.

OS ou arête, ſont ſynonimes à l'égard des poiſſons. Pluſieurs n'ont que des cartilages & s'appellent cartilagineux. Ces cartilages ſubſtitués aux os, font un phénoméne digne d'attention. La matiere qui dans les autres animaux forme les os, manque-t-elle aux cartilagineux ? S'ils en ſont pourvus, reſte-t-elle dans les humeurs, faute de filtre qui la ſépare dans les endroits ordinaires ? Si ces filtres ſe trouvent auſſi, les cartilagineux manquent-ils des ſecours néceſſaires pour la battre, la ſécher, la durcir ? Le cœur & les vaiſſeaux font-ils des occillations trop molles ?

Mais dans ces recherches, ne partons-nous point d'une fauſſe ſuppoſition ? ſi je regarde toutes les familles animales deſtinées à être pourvues d'os, je trouve que l'embrion n'en a point, tout ce qui dans la ſuite doit s'oſſifier eſt encore cartilagineux. Quelques os ſont déjà formés au moment de la naiſſance ; dans la ſuite il s'en forme de jour en jour & dans la vieilleſſe même il ſe trouve encore des cartilages qui s'oſſifient.

L iij

Je remarque à peu-près la même marche
dans les cartilagineux : les jeunes Raies ont des
cartilages si mols , qu'on les mange sans aucune difficulté ; plus elles avancent en âge ,
plus ces cartilages acquierent de consistance ;
enfin j'ai vu des mâchoires de Raie presque entierement osseuses, ces Raies étoient sans doute
dans le déclin de l'âge ou plutôt dans la vieillesse. Ainsi à parler strictement tous les poissons
pourroient bien être également cartilagineux ,
mais les Raies & leur famille le sont beaucoup
plus long-tems que les autres : c'est toujours
le même ordre , mais plus lent , & comme le
progrès plus ou moins lent , régle le cours plus
ou moins long de la vie , il paroît que celle
des cartilagineux doit avoir des bornes très-
reculées. De tous les animaux , ceux qui vivent
le plus long-tems , se trouvent probablement
parmi les poissons ; & de tous les poissons , ceux
qui vivent plus long-tems , sont probablement
les cartilagineux. J'abandonne ces idées à des
recherches ultérieures.

Les cartilagineux sont ou plats comme les
Raies , ou ronds comme les Roussettes. Les
cartilagineux plats sont ou lisses comme les
Tires , ou garnis de pointes comme les Raies
bouclées , ou pourvues d'un dard comme l'Ai-

gle de mer. Les cartilagineux ronds ont la
bouche ou au-deſſous de la partie antérieure
du corps qui forme la tête, comme les Chiens
& les Rouſſettes, ou placée à l'extrémité de
cette même partie comme les Anges.

En général la Raie forme un rhomboïde
ou une lozange, la tête termine un des angles aigus & la queue prend naiſſance à l'angle oppoſé ; les angles obtus ſont à droite &
à gauche. On peut imaginer ce plan rhomboï-
dal diviſé en trois piéces ; celle du milieu qui
commence à la tête & ſe termine à la queue,
& celles qui ſe trouvent à droite & à gauche.
La premiere eſt comme le tronc de la Raie,
elle contient tous les viſcères ; les deux autres
ſont des ailes, & ſervent aux différens mouvemens du poiſſon. La partie ſituée entre les yeux
& les narines s'allonge, s'applatit & ſe termine en
pointe de maniere que les yeux ſe trouvent placés
en deſſus, la bouche & les narines en deſſous.

On trouve quelquefois vers la naiſſance de la
queue & de chaque côté une production qui
mérite l'attention du Phyſicien. Elle ne ſe rencontre que dans les mâles ſeulement & dans
les mâles d'un certain âge, on n'en trouve
pas le moindre veſtige dans les jeunes. Ces
productions ſingulieres dont l'enfance des

cartilagineux est dépourvue , naissent , aug‑
mentent, parviennent à leur état de perfection,
à proportion que le poisson avance vers la pu‑
berté. Je les décrirai telles que je les ai vues
dans une Raie d'une grandeur plus que mé‑
diocre.

Vers la naissance de la queue & de chaque
côté , prennent leur origine deux corps cylin‑
driques considérables qui se prolongent & at‑
teignent à plus d'un tiers de la queue & se ter‑
minent en pointe mousse. Ils sont couverts de
tégumens communs à tout le reste du corps &
ces tégumens , souvent si âpres & si hérissés
partout ailleurs , sont parfaitement lisses & po‑
lis en cet endroit. Ces corps peuvent se mou‑
voir en devant , en arriere , à droite , à gau‑
che , en tout sens. Au premier coup d'œil on les
croiroit solides & continus d'un bout à l'autre ;
mais quand on vient à les regarder de près on
s'apperçoit qu'ils sont fendus depuis leur pointe
en remontant vers l'autre extrémité , jusqu'au
milieu. Si l'on force les deux bords de cette
fente , & qu'on les écarte , on voit l'intérieur
de ces corps tout rempli & tout hérissé de car‑
tilages & d'os , dont les uns se terminent en
bouton , les autres en pointe , d'autres en tran‑
chant. A ces os sont attachées des membranes

qui dans la dilatation forment de toute part
des culs de facs les plus irréguliers. Le tout
préfente une image qu'il faut voir fi l'on veut
s'en former une jufte idée, il n'eft pas poffible
d'en faire la defcription. J'ai cherché dans tout
ces recoins fi quelque canal n'y aboutiroit point;
je n'ai trouvé ce que je cherchois que dans un
feul, j'ai fuivi le canal & il m'a conduit à une
cavité dont je ne tarderai pas à parler.

Au haut & à côté de chacune de ces productions, s'éleve une éminence fenfible à l'œil fi
l'on y regarde avec attention, & manifefte au
toucher. Cette éminence eft produite par une
glande cachée fous la peau. Cette glande eft
longue de trois travers de doigt, large d'un,
un peu applatie & ronde par fes extrémités.
D'un bout à l'autre & dans le milieu, regne
une fente qui s'enfonce prefque jufqu'à moitié
du corps de la glande. Du fond de cette fente
& dans toute fa longueur s'avancent de petits
tuyaux excrétoires de deux ou trois lignes de
long. Quand on preffe la glande une matiere
laiteufe fort de ces tuyaux. La glande a trois
tégumens, l'interne eft une membrane mince
qui couvre immédiatement la fubftance glan-
duleufe; l'externe eft épaiffe, forte & mufcu-
leufe; celle du milieu eft celluleufe. C'eft à

celle-ci qu'aboutit le canal dont nous avons parlé ; de maniere que le souffle poussé par ce canal entre dans toutes les loges de la membrane cellulaire & produit un gonflement considérable.

Voila donc des glandes , des humeurs filtrées , des vaisseaux excrétoires ; mais à quoi sert tout cet appareil ? C'est ce qu'on ignore. Les uns disent que ce sont les parties génitales des Raies mâles , les autres le nient. Ce qu'il y a de sûr c'est que les cartilagineux s'accouplent. Bien des Pêcheurs racontent qu'ils ont quelquefois pris à l'hameçon des Raies femelles encore accouplées , malgré le mouvement & la secousse de la ligne ou du filet que le Pêcheur tire à lui , le mâle ne quitte point prise & s'élève jusqu'à fleur d'eau ; le Pêcheur a soin de s'en saisir , mais il oublie d'examiner ce qui fait la contestation des Naturalistes. Il reste toujours à savoir si les parties mâles cachées dans tout autre tems , ne se développent pas au moment de l'approche.

Il n'est guére de poissons plats cartilagineux dont la peau soit tout-à-fait dépourvue d'aiguillons , mais les uns en ont plus , les autres moins. Ces aiguillons ne sont pas non plus les mêmes. Il en est de petits & d'une consistance affez molle ; il en eſt encore de petits , mais d'une ſubſtance dure & oſſeuſe ; il en eſt de plus grands & pareillement oſſeux. C'eſt à ces derniers qu'on a donné le nom de boucles , & c'eſt de là que les Raies bouclées tirent leur nom. Enfin il eſt des Raies que quelques - uns ſurnomment Tigres (les Naturaliſtes les appellent Paſtenagues) dont la queue eſt armée d'un dard autant redouté des Pêcheurs que des autres poiſſons. Opian compare l'aiguillon de la Tigre-Raie , aux fléches envenimées des Perſes. Il n'y a en effet rien de ſi dangereux que ſa piquure; elle cauſe les douleurs les plus atroces, & quelquefois même la mort, ſi l'on n'y apporte pas de reméde. Toute ſubſtance graſſe & huileuſe peut s'employer extérieurement avec ſuccès ; mais le reméde le plus ſûr , ce poiſſon même le fournit, ſon foie appliqué fnr la plaie ne manque pas de la guérir en peu de tems.

Au ſurplus les couleurs , les taches , la force de teintes varient ſi fort dans les Raies, qu'il n'eſt pas poſſible de rien fixer à cet égard : en général elles ſont blanches en deſſous & griſes en deſſus , très-ſouvent mouchetées. Parmi les Raies liſſes il s'en trouve qui ſont noires; d'autres ont le deſſus du corps brun , le bord des

ailes en deffous & la queue noire. On en voit
d'autres dont les couleurs fe combinent fi fin-
gulierement, & dont les taches s'arrengent avec
une telle fimétrie, qu'il en réfulte comme des
fleurons de la plus grande régularité; on diroit
que la Nature s'eft amufée à tracer fur leur
peau le deffein d'un parterre.

Les poiffons ronds cartilagineux reffemblent
par bien des endroits aux cartilagineux plats,
& en diffèrent par beaucoup d'autres. Les uns
& les autres ont des cartilages au lieu d'os,
mais dans les plats un feul & même cartilage
forme la tête, la poitrine & le ventre. Dans
les ronds, ce cartilage fe divife en plufieurs
piéces; l'épine du dos, par exemple, eft com-
pofée de plufieurs vertébres. Les uns & les autres ont les yeux voilés, deux évents à peu
près de la même forme, les narines dans la
même pofition, de part & d'autre, autant d'ou-
vertures aux ouies; mais dans les plats, tous ces
organes font placés en deffus ou en deffous;
dans les ronds, ils font placés latéralement ou
peu s'en faut. Les plats ont une queue longue,
mince, décharnée & qui fe termine en pointe;
les ronds en ont une moins longue, mais plus
maffive, plus charnue & qui fe termine par deux
ailerons. Les premiers ont à droite & à gauche

deux grandes ailes, les feconds n'en ont point
de femblables, ils font feulement pourvus de
quelques ailerons au dos, à la poitrine, au bas-
ventre. Enfin la plûpart des ronds ont la bouche en deffous comme les plats, mais quelqu'uns l'ont comme prefque tous les autres poiffons à l'extrémité antérieure du corps. La Manche fournit en cartilagineux ronds, des Chiens,
des Rouffettes, des Anges.

De l'accouplement des cartillagineux, il réfulte tantôt des œufs qui tombent au fond de
l'eau où ils fe développent, ce qui fe remarque
dans les Rouffettes de la petite efpéce ; tantôt
des œufs qui reftent dans la matrice, jufqu'à
ce que le fœtus foit tout à fait formé, c'eft ce
qu'on a remarqué dans beaucoup de Raies ;
tantôt une multitude de petits vivans que la mere
met au jour à la maniere des quadrupédes ; telle
eft la génération des Chiens de mer.

Quant au goût, les Raies bouclées font les
plus eftimées, enfuite les Raies liffes que quelques-uns appellent Tires ; l'Ange & les petites
Rouffettes ne font guère inférieures à ces dernieres. Les grandes Rouffettes & les Chiens
font beaucoup moins recherchés, & la Tigre-
Raie eft généralement rejettée. Je terminerai
cet article, par une obfervation dont peut-être
les Naruraliftes me fçauront gré.

Dans une jeune Roussette toute fraîche qu'on ouvrit sous mes yeux, j'apperçus dans la capacité du bas-ventre, de côté & d'autre, & sur la surface de presque tous les viscéres, de petits floccons qui, au premier coup d'œil, ne me parurent autre chose que des amas de filamens blancs engagés & entortillés les uns dans les autres. Je mis quelques-uns de ces floccons dans un vase plein d'eau. Le lendemain je vis avec surprise que mes filamens étoient autant de petits animaux pleins de vie. Quelques-uns s'étoient dégagés des autres & rempoient au fond du vase, mais avec beaucoup de lenteur ; je n'en vis nager aucun. Les plus considérables avoient à peine la grosseur de l'aiguille la plus mince & quelques-uns pouvoient avoir jusqu'à huit à dix lignes de longueur. Les deux extrémités se terminoient en pointe un peu mousse, & je ne pus appercevoir entre elles aucune différence. La surface du corps étoit lisse, sans aucune ride ni le moindre vestige d'anneaux. Ces petits animaux étoient d'un blanc à éblouir, mais les deux extrémités étoient plus obscures & comme à demi transparentes. Une ligne droite de la même couleur se prolongeoit d'une extrémité à l'autre ; je ne puis mieux la comparer qu'à ces

traces que laiffe le canif fur les tuyaux de plu-
me que l'on paffe au feu avant que de les tailler.
Tout petit qu'étoit ce vermiffeau, fi ç'en eft
un, il avoit pourtant beaucoup de confiftance.
Si on le tirailloit, il fe remettoit prefque auffi
promptement qu'une corde de boyau qu'on
auroit tendue & relachée enfuite fubitement.
J'en tiraillai quelques-uns au point de les rompre, alors j'emportois d'une main une matiere
blanche, molle, vifqueufe & à l'autre main
il me reftoit un fragment de tuyau vuide,
prefque tranfparent & d'une confiftance affez
ferme. Je compris par là, que les vifcéres,
les mufcles, toutes les parties du petit animal
éroient renfermées dans un tuyau membraneux
qui faifoit toute fa défenfe, fa force, fon élaf-
ticité. Ces infectes vécurent deux jours dans
l'eau douce, périrent enfuite & fe confervérent
très-long-tems dans la même eau fans aucune
altération fenfible.

CHAPITRE III.

De la Pêche des Cartilagineux.

DE tous les poissons, les cartilagineux sont peut-être ceux qui nagent le plus difficilement, quoiqu'on remarque dans leurs mouvemens certaine aisance & une sorte de majesté. Comme les plongeurs, ils ne s'élévent que par des secousses, & ce n'est que par une action continuelle qu'ils se soutiennent dans l'eau : s'ils cessent leurs efforts, ils tombent à terre, comme il arrive quand ils veulent prendre du repos. Les difficultés qu'ils trouvent à se mouvoir, font cause qu'ils ne s'écartent pas beaucoup des fonds & qu'ils ne s'élévent guère de terre qu'à la hauteur de cinq à six pieds. C'est par la même raison que toutes sortes d'endroits ne leur conviennent pas ; il en est où les courans & les marées trop fortes les emporteroient. Ils s'établissent communément dans ce qu'on nomme ridains ; ce font des fonds protégés par des hauteurs. La superficie de l'eau qui remplit ces sortes de bassins, peut bien être agitée, mais cette agitation ne se communique guère à celle

qui

qui couvre immédiatement le fond. Celle-ci
eft beaucoup plus tranquille, & nos poiffons
n'éprouvent dans leurs mouvemens prefqu'aucune réfiftance. Outre cet avantage, ils ont
encore celui d'être à portée d'une nourriture
abondante; cent fortes de poiffons viennent
dans ces mêmes endroits chercher un refuge
contre les tempêtes, la rigueur des hivers, &c.
Cette même nourriture vient pourtant quelquefois à leur manquer, & cela arrive furtout dans
la belle faifon. Alors les aquatiles les plus fo-
litaires quittent leurs retraites, & viennent s'é-
gayer fur le rivage; les cartillagineux, obligés
de fuivre leur nourriture, fe répandent auffi
fur le bord des côtes. Hors ce tems, on voit
que les Pêcheurs font obligés d'aller les chercher affez loin vers la pleine mer.

Mais on travaille dans un fonds où la vue
ne peut percer; d'ailleurs les ridans font pour la
plûpart fort étendus; les cartillagineux affez rares, & ceux d'entre eux qui fe trouvent à portée
échappent fouvent au piége qu'on leur tend. Il
faut donc compenfer toutes ces difficultés par
la longueur du filet. Je dis par la longueur,
car comme les cartillagineux ne s'élévent jamais beaucoup, il feroit inutile de lui donner
une hauteur confidérable.

M

Une autre difficulté qui se présente dans cette pêche, c'est la profondeur de l'eau, au fond de laquelle il faut aller chercher les poissons dont nous parlons. Surquoi il faut remarquer que dans les grandes marées ; c'est-à-dire aux pleines & nouvelles Lunes , l'eau est beaucoup plus vive & plus agitée dans les ridains comme sur tout le reste de la côte. Les filets qu'on établit sur le fond ne sçauroient tenir en place ; la pêche est infructueuse , & la manœuvre en est presque impraticable. Ainsi ce n'est que dans les foibles marées , vers le premier & le dernier quartier de la Lune où les eaux sont molles , comme on dit , & peut agitées , qu'on peut établir des folles avec avantage.

On voit par-là combien en tout tems les tempêtes sont contraires à cette pêche ; la moindre émotion dérange les filets , un effort violent les déchire , une tempête écarte le bâteau & force les Pêcheurs à regagner la côte.

Suivant tout ce que nous venons de dire, le filet dont on se sert pour la pêche des grands cartillagineux doit avoir beaucoup d'étendue ; aussi a-t-il pour l'ordinaire trois ou quatre cens brasses ; peu de hauteur lui suffit, il n'a que six pieds de chute. Les mailles doivent être grandes

pour donner plus de jeu, l'Ordonnance les fixe
à cinq pouces en quarré ; les Pêcheurs leur en
donnent six à sept. Un cordon de la grosseur
du pouce affermit la tête ou le haut du filet,
deux autres en affermissent le pied ou le bas. A
ces derniers, de distance en distance, sont attachées des pierres ; au cordon de la tête, de
maille en maille, sont attachés des pièces de
liége ; les pierres fixent sur le fond le pied du
filet ; le liége qui tend toujours à s'élever, en
soutient la tête : de manière que les folles forment au fond de la Mer, une barriere qui
arrête tout ce qui a trop de volume pour pouvoir passer par les mailles. Qu'un grand cartilagineux se présente, il porte d'abord un peu en
avant le morceau du filet qu'il s'éforce en vain
de traverser, le réseau trop tendu ne tarde
pas à résister à cette impulsion, & le poisson se
porte en bas où il trouve moins de résistance ;
bientôt il se réléve, s'agite, se débat, s'enveloppe du filet & se trouve empêtré de maniere
à ne pouvoir plus échapper.

Il arrive la même chose aux grands poissons
plats à arêtes, les grands crustacés s'y prennent
aussi, & les folles que le Pêcheur présente aux
Raies lui aménent souvent des Turbots, des
Barbues, des Plies, des Crabes, des Clopoins,

des Homars & toute autre chose que des cartilagineux.

Chacun fait, par rapport aux productions de
la Nature, des divisions relatives à son objet.
Le Naturaliste & le Physicien font chacun les
leurs, le Commerçant fait les siennes, le Pêcheur divise aussi les cartilagineux à sa maniere.
Sans autrement approfondir la chose, il les
distingue en grands & en petits, & com-
prend dans ces derniers les Chiens de moyen-
ne grosseur & les Roussettes. Les grands font
pour lui un objet considérable ; les petits, il
les néglige souvent ou du moins ne les considére qu'à part. On va les chercher comme
les Raies au fond de l'eau, mais non pas si
loin en mer ; cette pêche se pratique à peu
de distance des terres, deux lieues au large
par exemple, sur les fonds de sable & de
roche. Les anses ou les profondeurs que laissent entre eux les bancs de sable, font les
plus favorables, nous en avons dit la raison.

Le filet est de la même construction que les
folles, mais les mailles font plus étroites, la
hauteur & la longueur font beaucoup moindres : c'est une folle mais en petit.

Enfin les petits Pêcheurs tendent aussi des
especes de folles sur le rivage, tantôt entre

les roches & tantôt fur des grèves plates & fablonneufes ; car les Chiens & les Rouffettes quittent quelquefois leurs rochers & viennent s'ébatre dans ces fortes de lieux.

Ces filets prennent différens noms, dans différens lieux ; & ces noms fe tirent, tantôt des poiffons que donne la pêche, tantôt des endroits où elle fe fait, tantôt de la manœuvre du filet, quelquefois on ne fçait d'où. En Haute Normandie on donne le nom de Bretelles aux Chiens de mer & aux Rouffettes, & en conféquence celui de Bretellieres aux filets qu'on leur tend. En Baffe-Normandie on conferve le nom de Chiens & l'on donne aux filets celui de Canieres. On les nomme auffi Anfieres, à caufe qu'ils fe tendent ordinairement dans les anfes. En beaucoup d'endroits, les grands Chiens de mer s'appellent Haules & Vaches de mer, & les filets Haules-Vaches ou Houle-Viches. Ces diverfes étimologies me feroient volontiers penfer qu'aux côtes de Caux on a d'abord donné le nom de folles aux Raies, & enfuite aux filets, de maniere que, comme ci-deffus, ils tireroient leur nom du poiffon qu'ils arrêtent.

CHAPITRE IV.

Avantages & inconvéniens de la pêche des Cartilagineux.

CETTE pêche a bien des avantages. 1°. Elle se peut faire pendant tout le cours de l'année, dans les marées foibles, c'est-à-dire vers le premier & le dernier quartier de la Lune, tems où le flux & le reflux n'agitent pas excessivement les eaux. 2°. Elle rapporte abondamment, non pas à beaucoup près autant qu'autrefois, cette abondance n'est que relative aux autres pêches. 3°. Le poisson qu'elle fournit est de garde surtout pendant l'hiver & le carême ; on peut le transporter au loin, & il n'en est que meilleur. Ceux même qui habitent à la proximité des côtes & qui l'ont du jour de la pêche, sont obligés de l'attendre quelque tems ; à cet égard la marée fraîche est fort éloignée d'avoir toute la supériorité qu'on y croit attachée. Voilà les avantages, voici les inconvéniens.

Les folles doivent rester un certain tems à la mer, si on ne les laisse pas assez, le tems se consume à jetter le filet & à le retirer, la pêche est infructueuse ; si on les y laisse trop,

Il en réfulte encore plus d'inconvéniens : 1°. Le poiſſon arrêté dans les folles y meurt bientôt & enfuite ſe corrompt ; il eſt entr'autres certains fonds, comme ceux de marne, où le poiſſon ſe gâte en très-peu de tems, ſoit parce que le degré de chaleur y eſt plus conſidérable qu'ailleurs, ſoit qu'il s'en éleve des vapeurs qui favoriſent & précipitent la corruption. Alors le poiſſon perd la vivacité de ſon teint, prend une certaine couleur d'eau & ſemble tendre à devenir tranfparent : la même choſe arrive à prefque toutes les matieres animales quand on les lave exceſſivement. Les Pêcheurs diſent alors que le poiſſon eſt *élavé* ; je laiſſe au Lecteur à décider ſi la langue peut adopter ce terme.

2°. Les Limaçons de mer & autres teſtacés de ce genre, les Crabes, les Homars & autres cruſtacés, attaquent le poiſſon mort, ou que le filet empêche de ſe défendre & de fuir.

3°. Plus on laiſſe le filet ſur les fonds, plus on donne lieu au diſſéqueur de faire ſes ravages ordinaires. Ce poiſſon eſt extrêmement avide du foye des cartilagineux. Il eſt pourvu à l'extrémité de la machoire ſupérieure, dit-on, d'un inſtrument tranchant ou très-aigu, avec lequel il fait une entaille aux tégumens & aux

M iv

muscles du bas-ventre des cartilagineux , & par
cette ouverture il va chercher le foye qu'il
détache avec toute l'adresse & la célérité ima-
ginable. Quand il a une fois rencontré le filet,
il le parcourt d'un bout à l'autre , faisant l'o-
pération à tout ce qui se trouve de nature &
en situation à la pouvoir souffrir ; car des cartilagineux il en est auxquels il ne s'adresse point,
ce sont les Raies bouclées. Leurs aiguillons les
garantissent , & écartent le Disséqueur ; il sent
que son tranchant s'émousseroit , & que lui-
même il pourroit se blesser : c'est à la quête
des Tires , des Raies blanches , & des Anges
qu'il s'attache spécialement. Mais ceux-ci même embarrassés dans le filet & étendus sur le
fond , ne se trouvant pas toujours dans une
situation favorable au Disséqueur , il rode , il
tranche où il peut , & pour le reste il attend
qu'on releve le filet ; alors il saisit le moment
favorable , attaque ce qu'il avoit épargné , &
n'en laisse échapper d'intact que le moins qu'il
peut. Dans ces momens il s'acharne si fort à
sa quête , qu'il s'approche quelquefois à peu de
distance du batteau ; les Pêcheurs peuvent
alors le voir , ils disent qu'il est à peu-près
de la grandeur , de la forme & de la couleur
du Marsouin. Nous ne pouvons en faire la

description ; les Pêcheurs qui le voient quelquefois n'en ont jamais pris. Apparamment que s'il lui arrive de se prendre à l'ameçon , il coupe la ligne avec les dents ou son tranchant, & qu'il coupe de même , ou force & déchire les filets quand il s'y trouve embarrassé. Quelques personnes croient que c'est le Renard de mer ou l'Empereur ; ce ne peut être ni l'un ni l'autre ; rien de plus rare que ces poissons dans nos mers , & rien de si ordinaire dans la belle saison que les dégats que fait le Disséqueur ; je dis dans la belle saison , car ce n'est que depuis le mois d'Avril jusqu'au mois de Septembre, qu'il commence à roder autour des folles. Ce poisson paroît être absolument inconnu, si ce n'est par les vestiges de la guerre sanglante qu'il fait aux cartilagineux.

4°. Le quatrième & dernier inconvénient qui procéde du trop long séjour des folles à la mer , est celui de tous qui semble tirer le plus à conséquence. Ce filet est , comme nous l'avons dit , de la plus grande étendue ; quand de pareils filets séjournent trop long-tems, ils arrêtent de toute part les Varechs & autres plantes que la marée entraîne. Ces plantes dont plusieurs sont arrachées depuis long-tems ,

s'accumulent, s'échauffent, fermentent, & répandent des corpuscules nuisibles qui infec-
tent les environs. Les poissons fuient la corruption, abandonnent ces lieux, & vont au
loin chercher de nouvelles habitations. De-
là, selon beaucoup de gens, une des causes
de la stérilité de nos parages.

C'est pour obvier à tous ces inconvéniens,
surtout au dernier, que l'Ordonnance de
1681. défend à tous Pêcheurs avec folles de
les laisser plus de deux jours à la mer, & leur
ordonne de rester sur leurs filets, pour les visiter de tems en tems, à moins que les ennemis ou la tempête ne les empêchassent de tenir la mer.

Les avantages de la pêche des folles sont
biens supérieurs aux inconvéniens qui en ré-
sultent. Quand on ne pourroit jouir des premiers sans donner lieu aux seconds, c'est toujours
une pêche, je ne dis pas à permettre, mais
encore à favoriser. Nous ne tarderons pas à
reprendre cet objet.

CHAPITRE V.

Des Poiſſons à arêtes.

SI l'on porte les regards ſur les nombreuſes cohortes, qui habitent les eaux, dans le deſſein d'y établir un ordre & de diſtribuer les poiſſons par claſſes, ſelon leurs reſſemblances & différences; on en apperçoit d'abord qui ont des poumons & qui reſpirent, qui ont les orga-nes de la génération comme les quadrupédes & qui en uſent de même, qui mettent au jour leurs petits vivans & qui les alaitent; voilà de quoi former une claſſe, une famille. Nous en avons parlé ſous le nom de cétacés.

Venant enſuite à conſidérer le reſte des poiſ-ſons, on en trouve qui au lieu d'os ſont pour-vus de cartilages, qui ont une conformation in-térieure & extérieure différente de celles des autres à mille égards, qui enfin multiplient d'une maniere qui leur eſt particuliere: ce ſont les car-tilagineux. Voilà donc encore une famille bien diſtincte & qu'on doit mettre à part. Nous en avons auſſi parlé.

Mais ſi l'on continue d'aller en avant & qu'on conſidére le reſte des poiſſons, on n'y trouve

plus que des différences légéres qui ne concernent que le volume, la forme & quelques
parties peu essentielles ; ceux-ci doivent donc
composer ensemble une troisiéme classe, dont
il nous reste à dire quelque chose.

Ces trois divisions générales & aussi anciennes que l'Histoire des animaux, sont peut-être
les seules qui soient fondées dans la Nature.
Avec un peu d'activité dans l'imagination, de
justesse dans l'esprit, de précision dans les idées,
on va faire bien des sortes de systêmes naturels
des poissons ; mais quelque différens que soient
ces systêmes, ils se réuniront pour admettre
les trois grandes divisions dont nous venons de
parler ; tous les Registres des Naturalistes en
font foi.

Les poissons qui forment la classe dont il est
question, sont pourvus intérieurement d'une
vesicule propre à contenir plus ou moins d'air.
En retrécissant, ou en dilatant cette vesicule,
ils se trouvent à volonté, ou plus pesans, ou
plus légers, ou du même poids qu'un égal volume d'eau. Delà, l'aisance de leurs mouvemens. Cette utile vesicule ne facilite pas moins
leur repos. Qu'ils se mettent de poids égal à
pareil volume d'eau & qu'ils cessent tout effort, les voilà immobiles au milieu des eaux,

ils font comme enchâssés dans le criftal.

Les femelles donnent des œufs que les mâles fécondent. Ces œufs tombent fur les fonds, où ils fe développent fans autre incubation que celle des eaux : prefque tous les poiffons à arêtes multiplient de cette maniere. Je dis prefque tous, car il en eft qui mettent au jour leurs petits vivans ; tant la Nature fe plaît à varier fes refforts, & à dérouter le Phyficien qui cherche en vain des maximes générales, & trouve toujours des exceptions qui le déconcertent.

Mais par quelles voies fe fécondent les œufs des femelles à arrêtes ? C'eft encore une queftion. Beaucoup ont cru que le mâle s'attache à fuivre la femelle dans le tems que celle-ci eft fur le point de répandre fes œufs, & qu'à l'inftant où elle les répand, le mâle accourt & les féconde par le moyen d'une liqueur blanche dont il les arrofe. On a même décrit & admiré à cet égard, l'inftinct & l'empreffement du mâle, les mouvemens qu'il fe donne & l'inquiétude marquée où il eft de manquer les moindres groupes d'œufs que l'agitation de l'eau éloigne quelquefois & fouftrait à la fécondation. D'autres affurent que le mâle après avoir préludé par quelques careffes, répandoit

dans l'eau une humeur séminale, sur laquelle
la femelle se jettoit, & qu'elle sembloit avaler.
Mais quelle route assigner à cette semence ainsi
répandue & humée, pour qu'elle puisse aller
impreigner les œufs? Ces Naturalistes ont cherché & trouvé, disent-ils, un canal de communication entre l'ovaire & la bouche; la semence
absorbée par la femelle, enfile ce canal & va
trouver les œufs. D'autres enfin, & ceci est tout
recent, prétendent avoir vu les poissons à arêtes
mâle & femelle, dans un vrai acouplement.
Selon eux les parties génitales des mâles cachées & oblitérées dans toute autre circonstance,
prennent du volume & saillissent quand la nature les aiguillonne: leur destination remplie,
ces mêmes parties perdent leur consistence,
rentrent & disparoissent.

La classe des poissons à arêtes est celle dont
nous retirons le plus d'avantages. Elle seule
fournit presque tout le poisson que l'économie
prépare par le sel, la fumée, la dessication,
& qu'elle réserve pour le tems de besoin. C'est
de cette famille que sortent ces légions nombreuses de poissons passagers, qui tous les ans
se jettent dans nos Mers épuisées; c'est d'elle enfin que nous tirons les poissons les plus délicats
& qui fournissent la nourriture la plus salubre.

Ceux d'entre-eux furtout qui habitent les rochers font plus eftimés , & non fans raifon. Comme ces fonds font impénétrables à l'eau , elle ne les peut brouiller , elle n'en peut élever aucun limon , aucune vafe , aucune matiére impure. Elle ne peut guére non plus y en apporter d'ailleurs ; les amas de roches font pour l'ordinaire affez élevés ; il faut que les eaux foient bien agitées , les fonds environnans bien brouillés , les nuages de fables & autres matiéres biens groffis , pour qu'il s'y tranfporte quelque chofe d'étranger. Ce qui même s'y tranfmet alors , s'y dépofe pour peu de tems, une nouvelle agitation de l'eau le déplace & balaie le rocher. C'eft donc fur ces fortes de fonds que l'eau eft la plus nette & la plus pure. Auffi eft-ce de là que nous viennent ces poiffons fi recommandés par les Médecins , ces alimens fi falutaires & fi agréables. Cependant la grande & la petite Rouffette habitent les mêmes lieux & n'y prennent aucune de ces qualités. Elles fourniffent un fuc groffier , leur chair eft de difficile digeftion , & loin d'avoir rien de commun avec la pureté de l'eau dans laquelle elles vivent , elles exhalent la plus mauvaife odeur. C'eft , fans doute que ces qualités ne dépendent pas tant de la

nature des fonds, que des différentes organi-
fations. Il est des poissons qui font bons partout
comme quelques-unes des Rayes dont nous
avons parlé, il en est d'autres qui ne font bons
nulle part, comme la plûpart des Chiens dont
il est question ; mais le plus grand nombre se
trouvent bons ou mauvais selon les lieux qu'ils
habitent. C'est qu'il est des organisations à tourner tout à bien comme dans le premier cas, d'autres à tourner tout à mal, comme dans le second ; d'autres comme dans le dernier, à donner du bon ou du mauvais selon la qualité des
alimens & la nature des habitations. Les résul-
tats de la nourriture varient comme les espéces.
C'est tout ce que nous pouvons dire sur cet
objet. Il ne nous est point donné d'appercevoir
les derniers ressorts, ni d'assigner les causes
immédiates ; la Physique se perd dans les derniers organes & les travaux qui s'y opérent ; &
la Chymie qui prétendroit venir à son secours,
s'y égareroit avec elle. Au surplus je ne parlerai point ici de ce qu'il y a de relatif dans ce
qu'on appelle bonnes ou mauvaises qualités ;
ce que nous appellons mauvaise odeur dans
les Chiens de mer, par exemple, est sans doute
un délicieux parfum pour leurs semblables.
Tout cela dépend encore de la conformation ;

& si vous admirez la variété des corpuscules qui constituent ces sortes de qualités, vous n'admirez pas moins la variété des organes qui sont faits pour en être fappés.

C'est aussi dans la classe dont nous parlons que se trouve le plus de variété du côté de la forme. Depuis la figure parfaitement sphérique jusqu'à la cylindrique la plus mince, les poissons s'affaissent, s'applatissent, s'allongent en mille manieres différentes. La figure ronde oblongue telle que celle du Maquereau, semble convenir le mieux aux poissons; c'est la plus propre & la plus favorable au mouvement de tous corps qui nage. Aussi la nature leur a-t-elle assez généralement donné cette forme, & si elle s'en écarte en quelques genres, on diroit que c'est malgré elle, & qu'elle souffre violence. J'assurerois presque que dès le développement du germe, tout individu de la classe des poissons tend dans tout le cours de son accroissement à prendre une forme cylindrique, ou plutôt la forme d'un fuseau. La plûpart l'acquierent parce que leurs organes primordiaux sont distribués favorablement, & que la résistance que les fibres opposent mutuellement à leurs progrès, est dirigée sur ce plan. Quelques-uns, comme les poissons plats, n'y sçau-

N

roient parvenir, parce que ces mêmes organes
sont distribués moins favorablement & que l'obstacle mutuel des fibres a plus d'énergie dans
le sang vertical que dans le sens horisontal.
Je crois même voir dans ces poissons, des vestiges de la violence que souffrent leurs parties
dans l'arrangement qu'elles prennent. Qu'on
examine la tête applatie de presque tous les
cartilagineux ; qu'on considere leur nez qui se
prolonge & laisse en arriere les yeux & la
bouche ; les yeux supérieurement , & la bouche
inférieurement ; qu'on voye les traits du dessus
de la tête , & en-dessous la forme de la bouche ,
tout cela a un air tiraillé, un air forcé, qui
annonce une tendance des fibres d'un côté, &
une force supérieure qui les a emportées de
l'autre. La chose me paroît encore plus manifeste dans les poissons plats à arêtes. Les traces irrégulieres que laisse la ligne depuis la tête
jusqu'à la queue, les visceres jettés à côté du
corps , la bouche qui s'ouvre dans un sens
contraire à sa situation ordinaire , les yeux
placés sur une ligne oblique , & l'un plus sail-
lant que l'autre , tout annonce la violence
faite aux parties ; on diroit que ces sortes de
poissons ont pris leur accroissement dans un
moule qui les a contraints , & qui a jetté

toutes les fibres dans le désordre. Ne semble-
t-il pas en effet que certains poissons plats,
comme les Raies, ont végété dans un moule qui
les comprimoit supérieurement & inférieurement ; que d'autres ont été comprimés latéralement comme la Dorée ; que d'autres enfin
ont été comprimés obliquement comme ceux
qu'on appelle poissons plats à arêtes. Ce que
nous disons de la compression des moules,
qu'on l'entende de l'obstacle mutuel que toutes les fibres se forment les unes aux autres,
dans les progrès de l'accroissement.

Je ferai encore quelques observations sur
la couleur des poissons : notre Histoire Œconomique ne doit rien perdre à devenir quelquefois Physique. En général on voit que les
poissons quelque variés qu'ils soient par les
couleurs qu'ils ont en dessus, se ressemblent
tous, en ce qu'ils sont blancs ou à peu près en-
dessous. On en a recherché la cause, car de
quoi ne s'est-t-on pas avisé de demander des
raisons. Un célèbre Ictiologe propose quelque
part cette question, & la trouve très difficile à
résoudre. Il soupçonne pourtant les rayons du
soleil de produire cet effet. Le soleil éclaire &
échauffe la partie supérieure des poissons, l'in-

férieure reste presque toujours dans l'ombre.
Il n'est donc pas surprenant que la supérieure
ait quelque chose de particulier, & entr'autres
une couleur différente. On sçait quelle influence la chaleur a sur les couleurs, & sans sortir de notre élément, nous en avons un exemple sensible dans le Homard. Ce coquillage au
sortir de l'eau est presque tout noir, au feu
ce noir se change en un rouge orangé ; il n'est
pas même besoin de feu, la seule dessication
produit ce phénomène. Une autre observation
que je fais encore & qui n'est pas moins favorable à ce sentiment, c'est que dans les
poissons plats le dessous dont aucune portion
n'est exposée aux rayons du soleil est également
blanc dans toute son étendue ; au lieu que dans
les poissons ronds, les couleurs de la partie
supérieure vont en s'affoiblissant sur la partie
inférieure, de maniere que dans celle-ci, il n'y
a souvent qu'un très-petit espace qui soit purement blanc. Ne diroit-on pas en effet que
le soleil imprime ces couleurs fortes ou foibles,
à proportion qu'il éclaire & échauffe, & que
si ces couleurs empiétent sur la partie inférieure
où elles se terminent par nuances, c'est que
les rayons du soleil l'éclairent en partie à cause

de la rondeur du poisson, & s'y terminent de
même en s'affoiblissant peu à peu. Ce sentiment appuyé par ces raisons est combattu par
d'autres peut-être plus fortes. Il faudroit d'a-
bord examiner si la partie supérieure des poissons, toujours environnés d'eau, peut à l'occa-
sion des rayons du soleil, s'échauffer beaucoup
plus que la partie inférieure, & assez pour
qu'il en résulte un effet aussi sensible que celui dont nous parlons. Si l'on m'assure qu'en
effet cela puisse être, je demanderai pourquoi
le soleil répand sur les poissons des couleurs
si variées, pourquoi il revêt les uns de pourpre & les autres d'écailles dorées, pourquoi il
noircit cette raie & fait pâlir cette autre. On
ne manquera pas de me dire que ceci dépend
du tissu de la peau des poissons qui varie comme les espéces, quelquefois comme les indivi-
dus ; mais puisque de la différence de couleur,
on conclud la variété du tissu, pourquoi de
l'uniformité de l'une ne pas conclure l'uniformité de l'autre, & dire tous les poissons
sont blancs en dessous, parce que dans tous
les poissons la texture de la peau de ces parties est la même, & n'absorbe aucuns rayons
de lumiere.

J'ai vu des poissons plats avec de grandes tâches blanches sur le plan supérieur de leur corps , pourquoi le soleil n'avoit-il pu teindre ces taches ? J'en ai vu d'autres présenter en dessus & en dessous un gris brun , comment le soleil les aura-t-il brunis en dessous ?

CHAPITRE VI.

De la Pêche des poiſſons à arêtes, & ſpé-
cialement de la Dreige.

DU genre des poiſſons à arêtes, tous les
plats & beaucoup de ronds habitent le
fond de la mer, nagent à une petite hauteur,
& jamais, ou preſque jamais, ne s'élevent à la
ſurface des eaux. Ceſt donc ſur les fonds que
les Pêcheurs doivent leur tendre des piéges,
comme aux cartilagineux. Mais ils emploie-
roient en vain des filets de la nature de ceux
qu'ils appellent Folles, & dont nous avons
parlé ; leurs mailles ſont d'un trop grand ca-
libre, elles ne pourroient arrêter que les plus
grands poiſſons du genre de ceux dont il eſt
queſtion, & ces grands poiſſons ſont extrêmement rares. D'un autre côté ſi on retréciſſoit
les mailles, le filet n'auroit plus aſſez de jeu,
il auroit à vaincre l'effort d'un trop grand volume d'eau, le poiſſon ne pourroit s'y entor-
tiller, ni s'y empriſonner.

Les Pêcheurs établirent donc des tramaux
ſur les fonds, comme ils y établiſſoient des
folles. Mais à parler ſtriƈement il n'eſt qu'une

N iv

sorte de folle , & il est plusieurs espéces de tramaux ; il y a un tramail sédentaire , un tramail dérivant, un tramail de dreige.

Le tramail sédentaire s'appareille précisément comme les folles. On attache à chacune des deux extrémités du pied du filet une grosse pierre , & sur toute la longueur d'autres pierres beaucoup plus petites , assez pesantes pourtant pour fixer le pied du filet sur les fonds ; à chacune des deux extrémités de la tête du filet on arrête une longue corde qui se termine à l'autre bout par un amas de liége que nous avons appellé bouée. Toute la longueur de la tête est garnie de flottes à l'ordinaire. On jette un bout du filet à l'eau , la bouée surnage , la grosse pierre plonge , & se précipite sous l'eau où sa pesanteur la retient immobile. Le bateau s'écarte , on lâche le filet à proportion , le pied appésanti par les petites pierres s'établit sur le fond , la tête allegée par les flottes s'éleve & se tient droite ou à peu près ; enfin on jette l'autre bout du filet à la mer ; comme auparavant il se précipite , la bouée surnage & le piége est tendu. Autant d'espace qu'il occupe , autant d'espace où le passage est intercepté. Il est manifeste que les deux pierres qui se trouvent aux extré-

mités du tramail l'appéfantiffent & l'empêchent de dériver & de fuivre le cours de la
marée ; au moins faudroit-il pour l'emporter
une marée très-vive ou une tempête, & c'eft
ce qu'on tâche d'éviter avec le plus de précaution qu'il eft poffible. Le corps du filet qui
n'eft chargé que de pierres d'un affez petit volume peut céder un peu à l'impreffion de l'eau ;
mais comme les deux extrémités font immobiles ou à peu près, il ne pourra au plus former qu'un arc ouvert du côté que vient le
courant. Au refte les bouées annoncent aux
Pêcheurs, qui fouvent quittent le lieu de la
pêche & ne reviennent que le lendemain, &
quelquefois plus tard, où fe trouve le filet ; &
fi par quelque accident le tramail vient à fe
rompre, chaque morceau ayant fa bouée, il
eft aifé d'en appercevoir & d'en recueillir les
débris.

Mais le tramail fédentaire n'arrête que ce
qui vient à lui ; on voulut le faire aller au-
devant de fa prife. Il ne fallut pour cela que
rendre le pied affez léger pour que le filet pût
fe laiffer emporter au cours de la marée, &
lui laiffer pourtant affez de poids pour qu'il
rafât le fond. On multiplia les bouées, & au
lieu de pierres, on garnit le pied de plomb ;

en cela seul, le tramail dérivant diffère du fédentaire. On conçoit combien il l'emporte sur
le dernier. Et à ce sujet je me suis quelquefois
étonné de ce que les Pêcheurs ne s'étoient point
avisés de faire dériver leurs folles quand ils
les établissent sur des fonds unis & propres à
cette manœuvre ; mais quand j'ai considéré les
choses de plus près, j'ai vu que cela n'étoit
point praticable. Les folles doivent être libres & avoir du jeu en tout sens, leur nom
l'annonce assez. Si une puissance de quelque
nature qu'elle fût les faisoit changer de place
& lécher les fonds, l'effort des eaux mettroit
nécessairement toutes les pièces du filet dans
une tension qui ne lui laisseroit aucun jeu, &
le rendroit inepte à la manœuvre qui lui est
particuliere. Au contraire un tramail traînant
arrête ce qu'il rencontre tout aussi surement,
& peut-être plus qu'un tramail sédentaire. La
raison, c'est que quelque tendus que soient
les deux filets à grandes mailles, celui du milieu est tellement arrangé qu'il peut toujours
se prêter & faire le sac ; pourvû que celui-ci
soit libre, il suffit, & même plus les deux autres feront tendus, plus la poche se formera
avec facilité, plus le poisson se prendra aisément.

Les inconvéniens du tramail dérivant, sont
qu'il avance peu, qu'il n'avance pas toûjours
également dans toutes ses parties, qu'il se double, se replie, se mêle quelquefois. Mais si à
chaque extrémité du filet on attachoit quelque
corps sur lequel l'impulsion de la marée eût plus
de prise, ces deux extrémités entraîneroient plus
rapidement le corps du filet ; & si le Pêcheur
présidoit à l'une de ces extrémités, & la faisoit avancer plus vîte, plus lentement, plus à
droite, plus à gauche, selon le besoin, & selon les mouvemens qu'il obferveroit dans l'autre extrémité, le filet seroit à couvert de tous
les inconvéniens dont nous venons de parler,
& on pourroit le regarder comme le chef-d'œuvre de l'art. C'est ce que les Pêcheurs ont exécuté dans la dreige.

Le tramail de la dreige sur six pieds de hauteur, a quelquefois plus de trois cens brasses
de longueur. Le pied est chargé de plaques de
plomb roulées ; la tête est garnie de flottes de
liége.

Chaque bout du filet est attaché à un cordage long de cent brasses, ces deux cordes se
nomment chasses ; l'une se termine au bateau,
& s'appelle chasse de la nef, l'autre au borset.
Le borset est une grande voile de dix-huit à

vingt aulnes de chute, & de sept à huit de large, qui plongée dans le courant de la marée, entraîne le filet d'un côté, tandis que le bateau l'entraîne de l'autre.

Quand les Pêcheurs sont arrivés sur le lieu de la pêche, ils jettent cette voile à la mer, de maniere que la vague & la marée puissent s'y entonner, & l'emporter. On lâche la chasse de borset, puis le tramail est enfin la chasse de nef.

Alors le tramail de dreige traîné d'une part par le borset & de l'autre par le bateau, s'arrange en demi-cercle, chemine sur les fonds, fait quelquefois jusqu'à huit lieues, & arrête tout le poisson qui se trouve à sa rencontre.

S'il se trouve que le bateau n'aille pas assez vîte relativement au borset, on lui donne une petite cape, & si cela ne suffit pas on établit une voile à l'eau, de maniere que la marée s'y entonne & l'emporte comme le borset.

Si le borset d'une part & le bateau avec la voile à l'eau de l'autre, n'avancent pas uniformement, & que l'un précéde l'autre, la dreige est mal administrée, & la pêche est infructueuse. Car le bout qui précéde entraîne une partie du filet sur une même ligne, & plus le filet approche de cette direction, moins il

balaye de furface, moins il rencontre de poiffon. On ne peut diriger immédiatement la
route du borfet, fa grande voile eft abandonnée
à elle-même, & on n'a aucune prife fur elle
pour en régler le cours.

C'eft donc aux Pêcheurs à retarder, accélé-
rer, modérer la vîteffe de l'autre bout du
filet, felon les mouvemens qu'ils obfervent
S'ils n'ont point jetté la voile de la nef à
la mer, & que le bateau aille encore plus
vîte que le borfet, ce qui arrive rarement,
une manœuvre aifée retardera la route du bateau. S'il va plus lentement, ils jettent la voile
à l'eau, mais ils ne l'abandonnent pas à elle-
même comme celle du borfet ; ils demeurent
faifis des cordages qui en affujettiffent le bord
inférieur. En lâchant ces cordages le plan de
la voile qui céde au courant s'éloigne de la
coupe perpendiculaire ; en les tirant à eux, le
plan fe rapproche de cette coupe. Or plus la
voile toujours tranfverfalle au courant, approche de la coupe perpendiculaire, plus elle
prend de mouvement, plus elle en communique au filet ; au contraire plus elle s'en éloigne, moins elle eft fenfible à l'impulfion de
la marée. Ainfi les Pêcheurs en tirant à eux
ou en lâchant les cordages dont nous parlons,

prennent tel degré de vîtesse qui leur est nécessaire.

Il ne suffit pas que les deux puissances qui
emportent le tramail de la dreige agissent avec
la même force, & emportent le filet avec la
même vîtesse; il faut encore qu'elles avancent
autant qu'il est possible sur deux lignes paralleles, & sans s'écarter ni à droite ni à gauche. Si elles s'éloignent & prennent du large,
le filet qui formoit un arc, s'ouvre & tend à
s'arranger sur une ligne droite. Une portion
des forces mouvantes est employée à le redres-
ser & à le tirailler en ce sens; le mouvement
en avant est considérablement diminué, & c'est
peut-être le moindre inconvénient qui en résulte. Si au contraire les puissances se rapprochent, le filet tend à se doubler, & ne peut
plus balayer qu'un très-petit espace de terrein.
Les vents, les vagues, le plus ou le moins de
résistance qu'éprouve sur les fonds un des côtés
du filet, forcent souvent l'une des deux puissances à sortir de la parallèle. Le maître du
bateau n'a pas un moment à perdre, sans cesse
il doit observer le mouvement du bosset, &
diriger en conséquence celui du bateau.

Malgré l'attention des Pêcheurs à choisir les
fonds les plus unis pour y faire la pêche du

la dreige ; il arrive encore fouvent que le tramail rencontre fur la route quelque corps qui
s'oppofe à fon paffage & l'arrête. Il n'eft pas
douteux que fi l'on n'a point pourvû à cet inconvénient, le filet tendu extraordinairement
entre l'obftacle qui lui fert de point d'appui &
les forces qui tirent fur les côtés, peut fe rompre aux endroits les plus foibles. Alors le borfet
difparoîtra avec le morceau de tramail rom-
pu qui y reftera attaché ; & le bateau & la voile
à l'eau iront d'un autre côté avec le refte du
filet. Pour obvier à cet accident ; il faut, dès
que le filet eft arrêté, faire ceffer les forces
qui l'entraînent. Sur quoi on doit obferver que
les Pêcheurs ont la précaution d'employer un
cordage ufé & affoibli pour affujettir le bord
inférieur du borfet, & le retenir dans le plan
perpendiculaire ; il refte à ce cordage affez de
force pour ne pas rompre tant que le filet a du
jeu & avance librement ; mais quand le filet
vient à s'arrêter, toutes les pieces de la dreige
fe tendent extraordinairement ; & la première
qui vient à manquer eft néceffairement cette
corde ufée dont nous parlons. A peine eft-elle
rompue que le borfet devenu libre par la partie inférieure ; cède à l'effort du courant &
s'étend fur la furface de l'eau. Dès-lors il n'a

plus ou presque plus de force, & depuis l'obstacle jusqu'au borset, le filet n'éprouve presqu'aucun tiraillement ; à l'autre extrémité, on
retire la voile de l'eau, on porte la chasse de
nef à l'avant du bateau, rien ne tire pas plus
que de l'autre côté. Ainsi cette machine énorme entraînée il n'y a qu'un moment, avec
toute la force que lui communiquoit le courant de la marée, reste en cet instant sans
mouvement & sans effort, & le Pêcheur peut
choisir son tems pour retirer ses filets.

Au surplus la dreige n'est pas seulement la plus
ingénieuse des pêches, c'est peut-être encore
un chef-d'œuvre de navigation. Ce n'est point
aux courans de l'air que les Dreigeurs présentent leurs voiles, c'est au courant de la
marée ; ce n'est point sur l'eau, c'est dans l'eau
qu'ils ont à naviguer ; ce n'est point un vaisseau de quelques toises de long qu'ils ont à
diriger ; c'est un appareil de quatre à cinq
cens brasses, encore est-il plongé au fond de
la mer, & cent ou cent cinquante pieds d'eau
en dérobent la vuë ; c'est en tatonnant, & la
sonde à la main, qu'on tâche de s'assurer de
sa direction. Tout excès est contraire ; du côté
des vents, peu sont favorables, & de ceux-ci
trop

trop ou trop peu empêche la manœuvre. Du côté de la marée, trop d'activité emporte sans permettre de régler les mouvemens du filet, trop de lenteur laisse sans mouvement, & fait languir la pêche. Je ne pense pas qu'aucune circonstance exige plus de précautions dans le choix des tems & des lieux, ni plus d'intelligence dans l'administration.

CHAPITRE VII.

Variation de la police à l'égard de la Dreige.

DE'S qu'on fe forme une image de la conf-
truction & de la manœuvre de la dreige,
on eft bientôt convaincu que cette pêche doit
être de plus grand rapport qu'aucunes de celles
qui fe pratiquent dans la Manche. Sur une efpace de deux ou trois cens braffes, la dreige
préfente de toute part des piéges aux poiffons
qui fe trouvent à fa portée. Ces piéges multipliés, elle les porte en avant fur plufieurs lieües
de terrein qu'elle parcourt en une marée. Les
fonds qu'elle balaie font pour l'ordinaire féconds
& des plus peuplés. Tout concourt à rendre cette
pêche fructueufe. Autant qu'il y a de différence
entre un filet fédentaire & un filet qui dérive,
entre un filet de trois ou quatre toifes & un filet de deux ou trois cens braffes, autant la
dreige eft - elle fupérieure aux folles & aux
chauffes traînantes.

Sa propre fécondité la rendit fufpecte. On
voulut en approfondir la manœuvre, & on trouva que ce fpacieux filet ne pouvoit traîner fur
les fonds fans les endommager, qu'il les dé-

pouilloit des plantes & des herbes si nécessaires
aux aquatiles, que l'étroitesse de ses mailles
ne laissoit aucune issue au plus petit poisson
du genre des plats, que ce qui lui échappoit sai-
si de frayeur fuyoit & cherchoit les retraites
les plus éloignées. D'après cet examen on prit
le parti de n'en permettre l'usage qu'à certain
nombre de Pêcheurs, sans doute dans l'idée de
ne pas se priver tout-à-fait des ressources qu'on
y trouvoit, & d'obvier en même tems aux
dégats qu'on auroit eu à craindresi elle étoit
devenue trop générale.

Dans la suite, quand on vint à dresser l'Ordonnance de 1681. ceux qui usoient ou desi-
roient user de la dreige, présentérent plusieurs
Mémoires au Conseil, & tâchérent d'établir la
nécessité de cette pêche. *La dreige n'a été interdite autrefois, disoient-ils, que parce que le poisson manquoit & que toutes les pêches étoient infructueuse; on pensoit que ce filet en étoit cause;
mais depuis cette interdiction le poisson devint-il
plus commun, les pêches sont-elles actuellement
moins stériles? Aucontraire la marée devient plus
rare de jour en jour, parce qu'on est privé du
poisson que fournissoit la dreige, & que d'ailleurs elle n'étoit point la vraie cause de la stérilité.
On se plaignoit de la disette & l'on défendoit la*

pêche qui donnoit le plus. La dreige, il est vrai,
arrache quelques plantes des fonds sur lesquels elle
passe, mais quel tort peuvent faire quelques herbes
arrachées du sein des Mers ? Le poisson qu'elle
fournit n'est pas toujours de la grandeur qu'exige
la Loi, mais est-il bien des filets qui épargnant
tout petit poisson n'en arrêtent précisément que de la
grandeur requise ? Elle en épouvente plusieurs qui
fuient & ne reparoissent plus dans les parages
qu'elle pratique ; mais où vont s'établir ces poissons, si ce n'est sur les fonds de roches, de marne & autres des environs, d'où ils se répandent ensuite sur les côtes ? Ils ne font que changer de retraites, ils n'abandonnent pas nos parages. La
dreige va-t-elle sur le bord des côtes, broüiller les
fonds, détruire le frai, & faire périr le poisson
qui à peine vient d'éclore ? non ; tandis que cent
sortes de manœuvres, ruinent de cette maniere
nos rivages, la dreige va en pleine mer, à
mi-canal, plus loin encore, chercher sous vingt-
cinq ou trente brasses d'eau, des poissons dont
la plupart, sans elle, ne paroîtroient jamais sur nos
tables. Outre les petites pêches des côtes, une autre cause de la stérilité, cause irrémédiable &
supérieure à toute la sagacité des législateurs, c'est
l'intempérie de l'air & la rigueur des hivers. Les
gelées & les froids prolongés peuplent la pleine mer

& dépeuplent les côtes. Pourquoi donc interdire un filet qui va chercher au loin les poiſſons qu'on ne trouve plus ſur nos rivages ?

Sur ces remontrances ou autres de cette nature, on rétablit la dreige, & l'on en permit l'uſage indiſtinctement à tout Pêcheur. D'un autre côté on interdiſoit d'autres pêches, dont quelques-unes étoient d'aſſez peu de conſéquence, & ceux qui s'étoient déclarés contre la dreige diſoient qu'on ſupprimoit les petits abus & qu'on rétabliſſoit les grands. Cependant l'Ordonnance fut publiée, & l'on ne s'appliqua plus qu'à faire tenir la main à l'exécution de ſes diſpoſitions. On ſe promettoit que dans peu d'années on alloit voir refleurir les pêches, c'étoit l'expreſſion uſitée. Le tems s'écoula, la Mer ne parut pas plus féconde, & les pêches ne fleurirent point. Au contraire le poiſſon devint plus rare, & à quelque tems de là, on ſe plaignit plus que jamais de la diſette. Dèslors on ſentit que la nouvelle police étoit inſuffiſante, qu'elle n'avoit pas remédié au principe du mal quel qu'il fût, & qu'on ne pouvoit trop tôt reprendre cet objet & l'examiner de nouveau.

Ceux qui perſiſtoient dans leurs indiſpoſitions contre la dreige, eurent alors tout lieu d'élever leurs voix, les circonstances donnoient à leurs raisons tout le poids qu'elles pouvoient avoir. *Qu'on n'attende rien de nos côtes, dirent-ils, tant qu'on y souffrira les incursions des Dreigeurs.* Les raisons qu'on apportoit pour prouver combien cette pêche étoit ruineuse, n'ont pu nous persuader, l'événement nous a convaincus. Instruits par nos propres dommages, ne différons pas de nous en mettre à couvert pour l'avenir. Proscrivons pour jamais un filet pernicieux, qu'on a essayé avec trop de succès de nous représenter comme utile & même comme nécessaire, & ne nous laissons plus séduire aux raisonnemens captieux avec lesquels on tâche de pallier sa manœuvre. Que peuvent faire, dit-on, quelques plantes arrachées du sein des Mers? Un tort considérable sans doute. Les plantes que la dreige moissonne ne sont point des herbes qu'il soit indifférent de conserver ou de détruire. C'est la retraite des grands poissons, le berceau des petits, la nourriture du plus grand nombre. On objecte que beaucoup d'autres pêches que celle de la dreige, arrêtent des poissons fort au-dessous de la grandeur requise, comme si la multiplicité des abus n'étoit pas une nouvelle raison pour les réprimer. Et quand on dit que les poissons effrayés par les ravages ne sçauroient fuir fort loin, on ne veut pas faire attention au caractère d'un grand nom

bre d'efpeces. Qu'on fe rappelle les longues pérégri-
nations des *Harengs*, des *Maquereaux*, des *Sar-*
dines, &c. Ce que les poiffons font pour trouver
leur nourriture, pourquoi ne le feroient-ils pas
pour éviter les dangers dont ils fe voient environnés ? Pourquoi ne gagneroient-ils pas les grandes
eaux des côtes d'*Angleterre* ? Pourquoi n'iroient-
ils pas s'établir dans des *Mers* plus tranquiles ?
Où font allées les *Vives* jadis fi communes & aujourd'hui fi rares dans les parages de *Diepe* ?
D'où font venues ces peuplades du même poiffon,
qui fe font établies à l'embouchure de la *Garonne* ?
Tandis que fur le bord de l'une de ces mers, on
s'étonnoit de l'arrivée de ces efpéces de colonies,
on s'étonnoit fur les bords de l'autre, de leur défer-
tion. N'eft-il pas plus que probable que perpétuelle-
ment, harcelés dans les *Mers de Diepe*, ces poiffons font allés jufques dans celles de la *Gafcogne*
chercher le repos & la tranquilité. On nous dit
encore que la dreige ne nuit point au fretin, comme font beaucoup de pêches du nombre de celles
qui fe pratiquent fur les côtes & fur les grêves ;
la dreige, ajoute-t-on, ne va qu'en pleine mer
chercher le poiffon dont nous ferions privés fans
fon fecours. C'eft-à-dire que tandis que les petites pêches attaquent les aquatiles jufques dans
leurs principes & défolent nos côtes, les grandes,

O iv

pour mettre le comble à la destruction, vont pour-
suivre en pleine mer ce qui a échappé aux pe-
tites. A quoi devons-nous nous attendre si d'un
côté, l'intempérie de l'air, comme cela pourroit
bien être, éteint la fécondité de nos parages, &
si de l'autre nous usons avec si peu de ménagement
de ce que la Nature affoiblie s'efforce encore de
produire en notre faveur.

Ces raisons, plus encore les circonstances, in-
disposèrent le Conseil à l'égard de la dreige. On
commença par en défendre l'usage pendant la
plus grande partie de l'année, & dans la suite cette pêche fut totalement interdite. Sa Majesté
se réserva seulement quelques bateaux Dreigeurs pour le service de ses tables : on regar-
doit la Mer comme dépeuplée, on supprimoit
la pêche qui rapportoit encore le plus, on crai-
gnit que dans les premieres années le poisson
ne manquât à la Cour, le parti qui restoit à
prendre étoit donc de se réserver quelque
bateaux Dreigeurs. On comptoit sur la population future des côtes, le tems que la Mer devoit mettre à se rétablir fut calculé ; il se trouva que dix ans devoient suffire, & les Dreigeurs de réserve ne devoient être tolérés que
pour ce tems là.

Tout étoit arrangé & la Loi publiée, lors-

que les Pêcheurs des environs de Dunkerque,
firent parvenir leurs plaintes au Conseil. Ils
convenoient que la dreige étoit une pêche pernicieuse , qu'ils faisoient comme les autres ,
parce qu'elle étoit devenue générale ; ils ap-
plaudissoient à la sagesse de la Loi qui l'avoit
supprimée , quoique cette suppression les ré-
duisît à une inaction presque continuelle , &
conséquemment à la détresse & à la misére,
Ils ajoutoient que malgré cela , ils se soumet-
troient sans la moindre répugnance, si une pro-
hibition si sage pouvoit avoir l'effet qu'on avoit
lieu d'en attendre ; mais que tandis que pour
épargner les fonds de la Mer, ils restoient
dans une oisiveté si funeste pour eux & pour leur
famille , ils avoient l'amertume de voir des
Etrangers ravager ces fonds en y déployant
ces mêmes filets qu'on leur interdisoit ; que
les Pêcheurs Impériaux venoient jusque sur
leurs côtes , dépeuploient des parages qu'on
se proposoit de ménager avec tant de précautions , & en emportoient les dépouilles chez
l'Etranger : que la Loi frustrée par là de son
objet , avoit donc en vain pris toutes les mesures imaginables pour empêcher les abus , la
chose étoit devenue impossible , & que cette
impossibilité constatée, il ne s'agissoit plus que

de sçavoir si l'on continueroit de les priver des ressources dont les Etrangers venoient profiter sous leurs yeux.

Ces représentations eurent leur effet, la dreige fut permise à ces Pêcheurs, & demeura interdite partout ailleurs.

Nous en avons assez dit pour faire juger si l'on eut dû accorder ces permissions, si l'on n'eut pas dû au contraire abroger les dreiges privilégiées, & prendre des mesures pour que les Etrangers ne troublassent point la police qu'on auroit établie.

CHAPITRE VIII.

Des Teftacés.

JE ne vois pas qu'on ait aucune certitude fur la maniere dont les Huîtres fe nourriffent. On n'en a pas davantage fur la maniere dont elles fe multiplient ; tout ce que la Nature opére fous les eaux , & fur-tout fous les eaux de la Mer , eft difficile à fuivre avec exactitude ; fans doute cette branche de l'œconomie des corps organiques, reftera encore long-tems inconnue. On fait que dès que les premieres chaleurs de la belle faifon fe font fentir, les Huîtres deviennent laiteufes , s'amaigriffent & perdent leur goût. L'ufage qu'on en feroit alors pourroit être dangereux, la Nature obvie à cet inconvénient, en leur ôtant la faveur qui les fait rechercher. Le lait où cette efpéce de frai que l'Huître répand, eft la femence de ce coquillage. La plus petite goute de cette liqueur , vue au microfcope, préfente des millions d'Huîtres toutes formées. Plus péfant qu'un égal volume d'eau , ce frai tombe où le flot le difperfe , & fe colle fur les roches , plus fouvent fur les Huîtres mêmes des environs.

On voit par-là que ces coquillages doivent s'entasser les uns sur les autres & former sous l'eau de vastes bancs qui végetent & vont toujours en croissant. Ce sont en quelque sorte des mines d'Huîtres ; on les appelle Huîtrieres. Leur largeur est pour l'ordinaire de plusieurs toises ; & leur longueur se mesure par des demi-lieues & des lieues entieres.

Pour la péche on se sert d'une espéce de sac de réseau composé de bandelettes de cuir, au lieu de ficelles qui ne resisteroient pas assez au frottement. Ce sac a très-peu de profondeur, & est large de cinq à six pieds. Presque la moitié de son embouchure est assujettie à une lame de fer, de maniere que cette embouchure forme un ovale. Cet instrument est attaché à une longue corde qui se termine au bateau pêcheur. Le bateau vogue, la lame traîne sur l'Huîtriere & son tranchant en détache des Huîtres que reçoit le sac. De tems en tems on retire l'instrument, on le vuide, on le replonge.

La Nature qui travaille si en grand à la multiplication des Huîtres, ne peut suffire de ce côté même à l'avidité du Pêcheur ; les abus l'emportent encore sur sa fécondité. Dans le tems qu'une Huîtriere commence à se former, ſi les Pêcheurs viennent à la reconnoître, elle eſt bientôt couverte de bateaux, elle eſt bientôt détruite. Mais quelqu'ancienne & étendue qu'elle puiſſe être, il eſt toujours certain qu'elle n'augmente chaque année que d'une certaine quantité : ſi ce qu'on pêche ſurpaſſe cette quantité, l'Huîtriere doit néceſſairement ſe détruire tôt ou tard ; & c'eſt ce qui n'arrive que trop communément.

Si l'on avoit l'attention d'interroger les Pêcheurs, de combiner les faits, & d'examiner de près tout ce qui s'eſt paſſé, on pourroit, ce ſemble, calculer avec aſſez de juſteſſe, combien une Huîtriere de telle étendue, peut fournir chaque année ſans s'épuiſer. Dès lors on fixeroit les tems où la pêche y ſeroit permiſe ; & dans toutes les côtes où il s'engendre des Huîtres, on ſe menageroit des fonds auxquels on auroit plus ou moins recours, ſuivant les circonſtances. Par exemple, dans les tems de guerre, le Pêcheur d'Huîtres ne ſeroit point obligé de s'expoſer aux incurſions des ennemis, en s'éloignant de ſes parages où il trouveroit ce dont il auroit beſoin.

Le tems pourra établir cette police. Juſqu'à préſent la loi a fait à cet égard ce qu'elle a pu faire. Nous avons déjà vu combien la netteté &

la salubrité de l'eau étoient nécessaires à la propagation des poissons, elles ne le sont pas moins
à celle des coquillages dont nous parlons. La
lame de la drage, (c'est le nom de l'instrument dont on se sert dans la pêche dont il est
question) fait passer dans le sac tout ce qu'elle
peut détacher de l'Huîtriere, Huîtres, plantes,
immondices, tout est recueilli pêle-mêle. Les
Pêcheurs ont soin de trier les Huîtres, & sont
dans l'usage de rejetter le reste dans la Mer. Ces
plantes & ces immondices, auparavant éparses,
retombent en bloc au fond de l'eau, la fermentation s'y établit, l'eau en est infectée, les
Huîtres des environs languissent & meurent.
Ces Huîtres, mortes, entrent elles-mêmes en
corruption, & font périr celles qui se trouvent
à portée ; ainsi l'Huîtriere est comme un corps
dont la gangrene attaque une partie, & fait ensuite des progrès de proche en proche. De plus
tandis que le bateau vogue & traîne la drage,
les Pêcheurs s'occupent à écailler ce qu'ils ont
pêché de grandes Huîtres, & la pêche finie ils
vuident leur bateau sur l'Huîtriere-même.
Tous ces tas d'écailles sont encore autant de
centres de corruption. La loi a défendu de rejetter sur l'Huîtriere rien de ce qu'on enleve

avec la drage , & à cet égard il ne reste qu'à la faire observer.

Les Huîtres pêchées sur l'Huîtrière, se transportent dans des parcs , où l'on a soin de les arranger par sillons. Ces parcs sont de petits enclos bordés de pierres de roches entassées en forme de mur à hauteur d'appui. La Mer les couvre deux fois le jour. Le flot nettoye les Huîtres , les roule les unes sur les autres , & par le froissement dépouille les écailles de leurs excroissances les plus saillantes , & en quelque sorte polit & unit leurs surfaces. L'eau qui les prépare ainsi , les nourrit en même tems , elles prennent même une qualité qui les rend bien supérieures à ce qu'elles étoient. Après que les Huîtres ont séjourné quelques mois dans ces parcs , elles sont commerçables.

Quelques - uns pratiquent des parcs assez loin les bords de la Mer , pour que l'eau n'y puisse parvenir que dans les grandes marées. Celle qui y parvient alors , ils l'y retiennent en fermant les écluses par lesquelles ils l'ont admise. Soit par la nature du sol, soit à cause des herbes qui s'y rencontrent, soit par quelqu'autre raison , l'eau qui croupit dans ces parcs prend une teinte de verdure qu'elle com-

munique aux Huîtres qu'on y a déposées, &
qu'elle nourrit ; de-là les Huîtres vertes.

Il y a encore des Huîtres qui s'attachent aux
rochers & y croissent comme dans l'huîtriere.
On les appelle Huîtres de rocher : elles s'appliquent à la surface des roches avec une exactitude qui surprend. Leur écaille inférieure se
prête aux angles, aux éminences & aux profondeurs de la surface qu'elles occupent, l'é-
caille supérieure que rien ne semble diriger en
ces différens sens, s'y prête de même ; cela
rend ces Huîtres raboteuses & très-informes.
Mais d'un autre côté elles ont une délicatesse
dont la plûpart des autres n'approchent point. Il
en est auxquelles les Huîtres vertes ne sont pas
comparables. La pureté des eaux qui arrosent ces
fonds, peut-être le local fournissent à ces Huîtres une nourriture qui leur donne cette supériorité. Un autre avantage des Huîtres de rocher, c'est qu'à peu près elles sont également
bonnes en toutes saisons, en été comme en hiver. La raison paroît être que les organes de
la génération ne causent aucun changement
dans la masse de leurs humeurs, elles ne donnent point de lait, ou si l'on veut de semence.

J'ai quelquefois réfléchi sur l'infécondité de
ces

ces fortes d'Huîtres , elles ne fe reproduifent
point, difois-je , d'où peuvent-elles provenir ?
Il faut obferver que tout rocher n'en fournit pas.
Vous ferez quelquefois plufieurs lieues fur le
bord de la Mer , vous trouverez à chaque pas
des fonds de roche , & point d'Huîtres. C'eft
que ces roches ne font point à portée d'en recevoir la femence. Si vous en rencontrez qui donnent des Huîtres , c'eft qu'ils font à portée de
la recevoir. Mais d'où vient-elle ? Nous avons
dit que les Huîtres qui naiffent & s'entaffent par
bancs au fond des eaux , donnent pendant les
chaleurs de l'été une humeur féminale qui tombe & s'arrête fur le lieu-même , párce qu'elle
eft plus pefante que l'eau. Malgré cette pefan-
teur , on conçoit que l'agitation des eaux peut
emporter, même affez loin, quelques parties de
cette femence. Si cette humeur rencontre fur
fa route quelque corps, comme des piéces de roche , elle s'y arrêtera , elle s'y développera ,
elle donnera des Huîtres. Cette réflexion conduit à cette autre. Tout côte où il fe rencontre
un ou plufieurs rochers qui fourniffent des Huîtres , doit avoir une huîtriere à très-peu de
diftance. Tel parage où l'on va détacher
d'un rocher quelques cêntaines d'Huîtres ,
cache fous les eaux des collines formées par

P

ces coquillages , & capables d'enrichir les Pêcheurs des environs. C'est par hasard qu'on découvre les huîtrieres , il faudroit sonder de
toutes parts avec la drage & les chercher avec
soin. On conçoit que là même où il s'est formé
une huîtriere , il y a toute apparence qu'aux
environs il s'en est formé d'autres. Si celle que
l'on connoît ne donne pas assez , où ne donne
pas des Huîtres telles qu'on les désireroit, il faut
encore sonder de toute part & chercher.

Il est des Moules qui, comme les Huîtres ,
naissent sur les roches que la marée couvre &
découvre ; il est aussi des moulieres toujours
couvertes d'eau comme les huîtrieres. Mais les
Huîtres se collent & s'appliquent immédiatement aux piéces de roches sur lesquelles elles
s'étendent , ou les unes aux autres ; les Moules
soit dans les moulieres, soit ailleurs , ne s'attachent entr'elles & aux roches qui leur servent
de point d'appui , que par des filets assez forts
quoique menus , qui sortent de leur substance.
Les écailles des Huîtres prennent toutes sortes
de forme , suivant les corps & les obstacles
qu'elles rencontrent dans leur accroissement :
il est rare d'en trouver dans la forme qui leur
est naturelle. Les Moules de la même espéce
gardent une forme constante , se ressemblent

toutes, & ne diffèrent que par la grandeur. Les Huîtres n'ont de mouvement que celui par lequel elles pouffent au de-hors, ou attirent à elles, leur écaille fupérieure. Les Moules, outre qu'elles s'ouvrent & fe ferment, ont encore tout le mouvement local, que leur permet la longeur du fil qui les affujettit. Les Huîtres vivent & meurent dans la place où elles font nées. Les Moules changent quelquefois de demeure & vont en chercher une autre, fouvent fort loin de la premiere. Ce délogement a quelque chofe de remarquable. Il ne faut pas croire que l'agitation des eaux & les tempêtes détachent ces coquillages du lieu où ils fe font fixés, & les tranfportent ailleurs. Souvent dans les tems les plus calmes & au moment où les eaux femblent ftagner ou du moins n'obéir que mollement au flux & réflux, les Moules, comme fi elles s'étoient donné le mot & qu'elles n'attendiffent que le fignal, quittent tout-à-coup les fonds qu'elles couvroient, & s'abandonnent au courant. Ce départ ne fe fait pas fans bruit, le froiffément qu'elles éprouvent entr'elles, occafionne un cliquetis qui fe fait entendre au loin, & qu'il faut avoir entendu pour s'en former une jufte idée. On a vu des moulieres très-fécondes, fe détruire ainfi en une nuit.

On cueille à la main les Moules qui croisent sur les rochers que la Mer rend accessibles dans la baffe eau ; & l'on fait avec des bateaux la pêche sur les moulieres, comme on la fait sur les huîtrieres. Mais au lieu de drage on employe des rateaux dont le manche est fort long. Un sac de filet s'ouvre derriere les dents du rateau, pour recevoir les Moules qu'il détache. Celles qui se tirent des moulieres sont beaucoup plus grosses & mieux nourries que celles qui se cueillent à la main. C'est que ces dernieres sont trop à la portée du peuple, rarement on leur laisse le tems de parvenir même à la moitié de leur grandeur naturelle ; on les moissonne avec si peu de menagement, qu'une roche auparavant fertile en Moules, se trouve en assez peu de tems presqu'entierement dépourvue.

Les Moules font quelquefois de nouveaux établissemens, pour lesquels on n'a pas ce me semble assez d'égards. De quelque maniere que s'opere leur multiplication, leur semence, comme celle des Huîtres, tombe & s'attache pour la plus grande partie à peu de distance, le reste suit les courans qui le déposent au hasard & souvent l'emportent assez loin.

Où celle - ci s'arrête, il se forme, s'il

m'eft permis de m'expliquer ainfi, une pépiniere
de Moules; c'eft de quoi peupler tout le voifi-
nage, pour peu qu'il foit propre à les nourrir. Je
confidérois, il n'y a pas long-tems, un rocher
fécond en Huîtres, & où de mémoire d'homme
on n'avoit jamais cueilli de Moules; j'y vis une
étendue, à peu près de deux toifes en cercle,
couverte de Moules fi petites, que la plus groffe
égaloit à peine un grain d'orge. Il y a toute apparence que ces coquillages gagneroient en peu
de tems du terrein, & couvriroient enfin la plus
grande partie du rocher; il y a plus d'apparence
qu'à peine ces Moules feront parvenues au tiers
de leur grandeur naturelle, qu'on les enlevera
& qu'on dépouillera entierement la place où elles
fe font établies. Cette perte ne fera peut-être pas
tant à regreter par l'importance du coquillage,
que par la qualité qu'il acquerroit en cet endroit.
Le rocher dont je parle fournit les meilleures
Huîtres de toute la Manche; il n'eft pas douteux qu'il en feroit de même des Moules qui s'y
établiroient.

Il fe fait encore fur nos côtes d'autres pêches de Teftacées, mais de fi peu de conféquence, que nous ne nous arrêterons point à en
parler. Telle eft celle des Oreilles de mer, des Patelles & de quelques efpéces de Turbinites. Tel-

le est encore celle des Coques que les Naturalistes appellent les petites Cannelées & des
Manches à couteau, qui se pêchent dans les sables que la Mer découvre, & où ces coquillages se sont réfugiés.

Je terminerai cet article par la description
d'une espéce d'Huître qui pour l'ordinaire se
trouve confondue avec celles dont nous avons
parlé, mais qui est bien différente. Les Naturalistes appellent leur écaille, Pelure d'oignon ;
nous donnerons à ce coquillage le nom d'Huître de trois piéces, ou d'Huître à pivot.

Comme les Huîtres communes, elle a deux
piéces principales, l'une applatie, l'autre bom-
bée. La substance de ces écailles est à peu près
de la même nature, & le poisson qu'elle renferme m'a paru avoir la même conformation à une
différence près dont je parlerai dans la suite.
Voilà tout ce que notre Huître a de commun
avec les Huîtres ordinaires, elle en diffère par-
tout ailleurs.

1°. Les Huîtres de trois piéces sont plus petites que les autres, la plus grande que j'aye vue,
n'avoit pas deux pouces de diametre. Les écailles sont plus minces, & leurs couleurs beaucoup
plus vives approchent de celle de la nacre de

perle. Jettées au feu elles se calcinent sans pe-
tiller.

2°. L'écaille applatie est échancrée à son
sommet vers la charniere. Cette échancrure est
à peu près ronde & peut avoir quatre ou cinq
lignes de diametre.

3°. Un petit test, une forte de poulie passe
par cette même échancrure, & lui sert de couvercle quand l'Huître veut se fermer & rester clo-
se. C'est la troisiéme piéce de ce coquillage; nous
l'appellerons pivot. Il est fait en forme de saliere,
c'est-à-dire, que de deux extrémités assez larges,
il va en diminuant vers le milieu. La surface des
deux extrémités est raboteuse ; l'une de ces surfaces s'attache fermement au rocher ou à tout
autre corps qui sert de point d'appui au coquillage ; l'autre s'enfonce dans la cavité de l'Huître, va joindre le corps du poisson & sert d'attache à un muscle.

4°. Le muscle fermeur s'attache intérieurement & à l'ordinaire au centre de l'écaille supérieure & inférieure ; mais auprès de son insertion dans l'écaille concave, prend origine un autre muscle qui va s'attacher à la surface du pivot qui répond au-dedans de l'Huître ;
nous l'appellons muscle d'appui.

Par l'appareil dont nous venons de faire la

description, on juge bien que l'Huître à pivot opére des mouvemens, dont l'Huître commune n'est point capable. Dans l'état de relâchement, l'Huître est ouverte, & avec le doigt on peut la tourner à droite & à gauche sur son pivot. Elle peut encore avoir le même jeu, tant qu'il n'y a que le muscle fermeur qui se resserre. Si les deux muscles viennent à se contracter en même tems, les deux grands écailles sont fermées, le couvercle est exactement appliqué à l'échancrure, & l'Huître est tellement affermie sur le rocher, qu'on diroit d'une seule & même piéce. Mais le muscle d'appui étroit à son insertion dans la surface supérieure du pivot, s'épanouit à son origine dans l'intérieur de l'écaille concave, où il semble distribué en plusieurs faisceaux : de maniere que l'Huître supposée dans le relachement, si l'un de ces faisceaux vient à se contracter solitairement, l'Huître avancera de ce côté là ; si le faisceau d'après vient à se contracter, l'Huître inclinera son mouvement de ce côté là encore ; de sorte que si plusieurs faisceaux se contractent successivement, l'Huître en continuant de s'incliner décrira un arc de cercle autour de son pivot.

Mais si nous considerons ce pivot détaché

du rocher ou de tout autre corps, l'Huître
fera libre & pourra changer de lieu d'une maniere bien finguliere. Son mufcle d'appui con-
tracté, non pas au point d'appliquer exactement
la furface inférieure du pivot ou le couvercle
à l'échancrure, mais affez pour prendre de la
fermeté, formera avec le pivot une efpéce de
jambe, qui en fe relâchant ou fe refferrant plus
ou moins, fera avancer le coquillage & mon-
trera au Naturalifte étonné une Huître qui chemine.

Je croirois volontiers que telles font les Huîtres
à pivot dans les commencemens de leur développement, dans leur bas âge. Elles cheminent ainfi
fur une jambe & cherchent un lieu favorable
à leur nourriture & à leur accroiffement.
Quand elles l'ont trouvé & qu'elles jugent à
propos de s'y fixer, elles font couler le long
de leur pivot une efpéce de glu qui le colle au
rocher. Pour lors elles ceffent d'être vagabondes, & ne fe réfervent de mouvement, que celui
qu'elles font en décrivant le quart de cercle
dont nous avons parlé. Ce dernier mouvement leur fert à éviter les corps qui pourroient
nuire à la regularité de leur développement, &
à fe préfenter aux différens courans, dans la
fituation qui leur eft la plus favorable.

Que savons-nous si elles ne s'ennuient pas quelquefois d'une longue résidence ? Elles ont une colle pour s'attacher, elles ont peut-être un dissolvant pour se remettre en liberté, quand elles le trouvent bon. Il est toujours certain qu'elles renferment une humeur bien singuliere, leur âcreté insupportable en est une preuve. J'en ai vu attachées au rocher plus fermement que je ne puis dire ; j'en ai vu qui n'y tenoient que fort peu ; j'en ai vu qui étoient tout-à-fait libres & qui ne tenoient à rien ; les premieres étoient fixes, les secondes étoient sur le point de s'attacher ou de se détacher, les troisiémes étoient vagabondes. Mais à quoi bon ces détails? A ajouter une nuance aux variétés sans nombre, que les Naturalistes nous montrent de toutes parts.

CHAPITRE IX.

Des Cruſtacés.

LES cruſtacés comme le Homard , le Crabe, la Chevrette s'accouplent, & la femelle
donne des œufs qui tombent au fond de l'eau ,
& ſe dévelopent à la faveur de cette chaleur
douce , que l'atmoſphere communique aux eaux
de la Mer dans le printems. En général , ce ſont
tous habitans des rochers. Quelques-uns cependant , comme le Crabe & la Chevrette , s'é-
cartent pendant l'été ſur les côtes : on en trouve
alors ſur toutes ſortes de fonds. Ils vivent d'herbe , de coquillage & de poiſſon.

La croute qui revêt ces animaux , eſt plus
ou moins épaiſſe & ſolide , ſuivant qu'ils ont
plus ou moins de volume & plus ou moins d'âge.
Les Chevrettes & toute leur famille ne ſont
couvertes que d'une pellicule aſſez ferme à la
vérité , mais ſi mince qu'elle eſt tranſparente.
Les Homars & les Crabes au contraire , quand
ils ſont parvenus à certaine grandeur , ont une
croute ſi épaiſſe que vos plus grands efforts ne
viendroient pas à bout d'en rompre certaines
parties , comme les pates , il faut employer le

marteau. Il y a aussi des endroits foibles dans
les croutes les plus fortes. L'incrustation qui revêt la partie postérieure & allongée du Homar
& qui forme supérieurement des tablettes si solides , n'est plus à l'inférieur qu'une peau mince,
diaphane & coriasse ; cela devoit être pour laif-
ser à cette partie la liberté de se courber &
de se replier circulairement.

Les testacés sont couverts de leurs coquilles,
sans en être gênés. Ils se renferment & se tiennent clos quand ils le jugent à propos ; quand
la faim les presse , ou que quelqu'autre cause
les y détermine , ils ouvrent leur logis, &
quelques-uns s'allongent, & sortent à mi-corps
plus ou moins. A mesure qu'ils croissent , leur
domicile s'élargit , soit qu'ils l'aggrandissent
eux-mêmes , soit que par leur propre nature les
coquilles prennent de l'accroissement à la maniere des végétaux. Il n'en est pas de même
des crustacés , ils n'ont pas à beaucoup près
toutes ces aisances dans leur logis ; plutôt em-
prisonnés que renfermés dans leur envelope ,
aucune partie de leur corps n'est libre , tout
est environné de croute. On conçoit que cette
croûte se prête d'abord & croît comme le corps
de l'animal ; mais comme en moins d'un an

elle acquiert trop de solidité pour pouvoir continuer de s'aggrandir, elle reste alors dans le même état. Cependant le corps du poisson continue d'augmenter en volume, il faut donc qu'il se dépouille de sa robe devenue trop étroite pour le contenir, & qu'il en prenne une plus grande; c'est ce qui arrive en effet, nonseulement dans les Ecrevisses de riviere auxquelles un Naturaliste de nos jours essaie de restreindre la faculté de se dépouiller, mais dans tout crustacé.

Comme l'ancienne, la nouvelle croute ne se prête à l'accroissement que pendant un certain tems; à peine une autre année est-elle écoulée, qu'elle a pris trop de consistance, il faut que le poisson s'en défasse encore & en prenne autre. On doit voir que tant que le poisson grandira, ce dépouillement doit avoir lieu chaque année. On voit aussi que quand le poisson sera parvenu à sa grandeur naturelle, ce dépouillement deviendroit inutile. Ainsi nous avons lieu de croire que les crustacés ne changent de coquille, que dans le tems de leur jeunesse. Au reste ils sont encore dans l'écorce qu'ils doivent quitter, que tout leur corps est déja couvert d'une sorte de mucillage qui déja

forme leur nouvel habillement, & qui dans
la fuite ne tarde pas à prendre de la confif-
ftance.

Mais comment s'opére le dépouillement des
cruftacés ? Comment ces animaux peuvent-ils
fortir d'une incruftation qui les enveloppe de
toutes parts ? Comment retirent-ils leurs membres de tous ces replis, ces prolongemens,
ces enfractuofités que nous remarquons dans
leur coquille ? Si par une mécanique fecrette
cette coquille s'ouvroit dans toutes fes parties,
comme il arrive dans le tems de la maturité
à l'envelope épineufe des châtaignes, l'animal
en fortiroit aifément. Il furvient quelque chofe
de femblable ; le coffre des cruftacés s'entrou-
vre de cette maniere, & il n'eft pas rare d'en
trouver dans cet état. Mais on ne voit pas
que la même chofe arrive aux prolongemens
de la coquille, aux pattes par exemple. Quelques Naturaliftes ont dit que ces prolongemens
s'entrouvrent comme le coffre, & que dès que
le poiffon en a dégagé la partie qui y étoit contenue, ils fe referment fubitement & avec
une telle juftefle, qu'il ne refte pas le moindre veftige de ce jeu, pas la moindre fêlure
qui puiffe déceler ce qui s'eft paffé. On doit
fentir combien cette idée eft hafardée. Je ne

m'arrêterai point à la réfuter, & je cherche-
rai quelque explication plus vraifemblable de
ce phénoméne.

Le dépouillement des cruftacés ne fe fait
point fans effort. Un animal exceffivement
comprimé dans fa coquille, ne fut-ce que par
cette caufe, doit fouffrir. Il languit en effet,
& le tems du dépouillement eft un tems de
maladie. Ce dérangement dans l'économie ani-
male va fi loin, & le cruftacé dépérit fi fort,
que près de la moitié de fa fubftance fe ré-
fout en une eau blanchâtre. La coquille
qui le contient eft alors trop grande & de
beaucoup ; fi vous rompez une de fes pattes,
vous verrez avec furprife que la chair du poiffon n'en remplit pas le tiers. Ses membres
amaigris font encore devenus mols, pliables
& capables de s'allonger fans fe rompre. C'eft
alors que le coffre de la coquille vient à s'ouvrir, & c'eft alors auffi que l'animal dont le
tronc fe trouve dégagé, fait effort pour retirer
fes pattes & fes autres productions de leur ancien étui. Le plus grand obftacle qu'il rencontre, c'eft dans les jointures, le paffage y
eft très-retréci ; mais comme nous avons dit,
fes membres fe font amaigris, ont pris de la
moleffe, & peuvent s'allonger ; en cas de be-

foin ils s'échapperoient par un passage encore plus étroit, & le crustacé se débarasse sans beaucoup de peine.

Dès les premieres langueurs qui précédent d'assez loin l'instant du dépouillement, les crustacés se retirent vers la pleine mer & se cachent entre les rochers. Là ils attendent dans la solitude & l'inaction, que la Nature répare leurs forces, & leur donne une nouvelle jeunesse. Il arrive quelquefois que les fortes marées trouvent prise sur quelques-uns d'entre eux, & les jettent sur les grêves. Le hasard m'a fait rencontrer un Crabe dont le coffre étoit entre-ouvert, & le poisson prêt à se débarrasser; je le pris par le tronc & presque sans aucun effort j'achevai de dégager tous ses prolongemens; sans doute lui-même se seroit dégagé de la même maniere.

Nous avons dit que la plûpart des crustacés, surtout du genre des Homars, choisissoient leur habitation loin des côtes, sur les fonds de roches; l'abondance des alimens les y attire, aussi bien que les poissons cartilagineux. Les folles qu'on établit sur ces fonds y arrêtent les uns & les autres, & rien n'est si commun que de retirer des Homars de ce filet qu'on ne jette à la Mer que pour pêcher des Rajes.

Un

Une pêche particuliere aux rocailles, c'eſt celle où l'on ſe ſert des bouraques, boiſſeaux, bouteilles, &c. Ce ſont, comme nous l'avons dit, des eſpéces de panniers d'oſier. Des bords du fond s'élevent, tout autour, des tiges qui enſuite ſe courbent en dedans en ſe rapprochant les unes des autres, ſans cependant ſe toucher. Par cette diſpoſition elles ſe prêtent aiſément au cruſtacé qui veut entrer, mais ne lui permettent plus de ſortir. Nous en avons parlé, & nous les avons comparés aux ſouriciéres de fil d'archal. Vers le milieu & au dedans de ces panniers, on ſuſpend un appas. Les rocailles ne ſont pas difficiles à tromper ; un morceau d'étoffe de couleur vive ; un morceau d'écarlatte, par exemple, & même une pierre blanche, ſuffiſent pour les attirer. Je ne ſçais ſi les coquillages odorent, comme le prétendent beaucoup de Naturaliſtes ; il eſt toujours ſûr qu'en cette occaſion l'odorat ne les guide pas. Chacun de ces panniers s'attache à une corde aſſez longue, dont l'autre extrémité tient à une bouée (nous avons dit que c'eſt un aſſemblage de morceaux de liége.) Le Pêcheur en bateau va aux endroits qu'il connoît féconds en rocailles, & y place ſes

Q

paniers qu'il a pris soin d'appesantir assez pour les rendre stables. Le lendemain il revient au lieu de la pêche, retrouve les paniers par le moyen des bouées, & les retire.

Ceux des crustacés qui se répandent sur les côtes, se cachent entre les roches quand les eaux se retirent, & y restent jusqu'au retour de la marée. On fouille entre ces roches, on souléve les unes, on renverse les autres & souvent on trouve le coquillage qui s'y étoit refugié.

Les Chevrettes se pêchent de deux manieres. Quand la Mer en se retirant découvre un rocher, s'il s'y trouve des Chevrettes, elles suivent l'eau & jouent sur ses bords entre les plantes qui croissent sur les piéces de roches. On les pêche avec un petit sac de réseau, dont l'embouchure est soutenue par un cercle de bois à peu près d'un pied de diamètre, & garni d'un manche qui sert à tenir l'instrument. Dans les parages où la famille des Chevrettes prospére & abonde, ces crustacés pendant les chaleurs de l'été suivent la marée, & ne s'écartent guère des bords de la Mer. Ce que l'eau chasse à la côte, leur sert de nourriture. Pour lors si les fonds sont unis &

propres aux filets traînans, le Pêcheur pour
les prendre se sert de ce sac de réseau qu'il
pousse devant lui & dont nous avons parlé
sous le nom de haveneau ; mais on sent que
dans celui-ci les mailles doivent être beaucoup
plus étroites.

De toutes ces pêches on voit qu'il n'y a que
celle des Chevrettes qui puisse avoir des inconvéniens ; & ces inconvéniens même ne semblent tomber que sur l'une des sortes de pêches qu'on en fait. Des paniers placés au
fond de l'eau où ils restent en place, sont absolument incapables de nuire à quoi que ce
soit ; des pieces de roches soulevées & renver-
sées, ne peuvent au plus qu'écraser quelques
testacés du nombre de ceux qui rampent & ne
sont d'aucun usage : le fretin ne fréquente
guére ces sortes de fonds. On ne voit pas davantage en quoi le petit sac, dont on se sert
au pied des rochers, pourroit être nuisible : il
ne reçoit & n'intercepte que l'insecte, à la pêche duquel il est employé. Mais cette piéce
de filet dont le pied rase les sables dans l'autre maniere de pêcher la Chevrette, paroît
mériter plus d'attention ; elle trouble les fonds,
& par cette seule raison doit être suspecte.

Q ij

L'Ordonnance a fixé le tems auquel on peut
pratiquer cette pêche. Comme elle eft de peu
d'importance , & qu'elle ne fe pratique
qu'en peu d'endroits , il femble qu'on pourroit s'en tenir aux précautions que la Loi a
prifes à cet égard.

CHAPITRE X.

Observations sur la grandeur des mailles des Filets.

NOUS avons assez fait connoître combien il est important de ménager le fond des eaux, & combien toute manœuvre qui les endommage, est contraire à la propagation des espéces & au rétablissement des pêches. Nous allons maintenant établir quelques généralités sur les différentes sortes de filets ; car le fond supposé intact, il reste encore bien des attentions à faire. Nous parlerons dabord des filets qui dans leurs manœuvres forment un plan, soit oblique, soit perpendiculaire ; nous parlerons ensuite des filets en forme de chausses.

Les filets en plan se tendent à la Mer ou sur les grêves, & c'est ce qu'il faut bien distinguer ; tel n'a aucun inconvénient en pleine mer, qui deviendroit pernicieux sur les grêves. Qu'importe que les mailles d'un filet jetté en mer à deux lieues du rivage, soient fort amples ou fort étroites ? Si elles sont grandes, le filet n'arrêtera que ceux des poissons qui s'empêtrent & s'embarrassent dans les réseaux ; si elles font étroites , elles n'arrêteront que ceux des poiſſons qui s'emmaillent , & il n'en réſulte aucun inconvénient.

Il n'en eſt pas de même d'un filet à mailles étroites tendu fur les grêves , le pied enfoui , & formant , par exemple , un parc : il arrêtera grands & petits poiſſons , & généralement tout ce qui ſe trouvera dans ſon enclos à la fin de la marée.

Ainſi il paroît qu'on peut donner beaucoup de liberté à cet égard à ceux des Pêcheurs qui s'éloignent du rivage , & vont s'établir vers la pleine mer. Mais on ne peut ſe diſpenſer d'avoir l'œil fur la grandeur des mailles des filets qui ſe tendent fur les grêves. Deux pouces en quarré formeroient peut-être encore une maille trop étroite ; au moins ne devroit-on pas en tolérer de moins amples : cette porte ouverte aux petits poiſſons ronds , eſt fermée à la plûpart des petits poiſſons plats. Ce que je dis des filets doit s'entendre des grilles qui ſe trouvent au fond des parcs de pierre & de clayonnage ; & malgré cette précaution , ces ſortes de pêcheries feront toujours pernicieuſes ; la plûpart du fretin manque cette iſſue & périt.

Je n'ignore pas que dans la ſaiſon du Ha-

reng, on ne peut se dispenser de permettre
de tendre sur les grêves, des filets dont les
mailles n'excédent point un pouce en quarré,
sans quoi on mettroit les petits Pêcheurs dans
l'impossibilité de prendre aucun de ces poissons.
Mais je sçais aussi qu'on ne devroit jamais
permettre d'enfouir le pied de ces sortes de
réseaux. Si on les tend pour le Hareng, il est
inutile que le pied porte & soit fixé sur les
fonds, car le Hareng s'emmaille; si on les tend
pour les autres poissons, on va contre l'esprit
de la Loi qui ne les tolere que pour le Hareng.

Quant aux filets en chausse, ou leurs parois
sont soutenues avec des cercles, ou ces filets
sont dépourvus de cercles.

A l'égard des premiers, il paroît qu'il ne
s'agit que d'en fixer les mailles comme ci-
devant, à peu près à la grandeur de deux
pouces en quarré, parce que leurs parois
soutenues & tendues forcent les mailles à
s'épanouir, & laissent un libre passage au
fretin.

Il n'en est pas ainsi des filets en chausse,
dont les parois ne sont soutenues d'aucun cercle. Ces chausses en s'allongeant forcent les

Q iv

côtés des mailles à s'approcher, & ces mailles deviennent imperviables. On les aggran-
diroit en vain, cet inconvénient auroit toujours lieu ; ce sont autant de filets qu'une
bonne police ne sçauroit tolérer.

Il est des réseaux qu'on peut regarder comme mixtes : considérés en eux-mêmes, on diroit
des filets en plan ; considérés dans leur manœuvre, ils ont l'effet des filets en chausses. Tels
sont les tramaux, dans lesquels le poisson se forme lui-même une poche où il s'emprisonne ;
tels sont encore les jets, que l'on plie subitement à la fin de la pêche pour y renfermer le
poisson qui se trouve à portée. Que ces filets
se tendent à l'embouchure des rivieres, ou à
la côte, ou en pleine mer, il n'importe ; on conçoit qu'ils rentrent dans la classe de ceux dont
les mailles doivent avoir au moins deux pouces
en quarré : c'est le seul moyen d'y ménager une
issue pour le fretin & le poisson du premier
âge.

CHAPITRE XI.

Des Pêcheries exclusives, & des droits de quel-
ques Particuliers sur la Marée.

IL est des filets qui, après que la pêche est faite,
se nettoient, se séchent, se plient & se gardent
jusqu'à ce qu'on s'en serve de nouveau : la pêche finie, ils ne restent point sur le lieu. Il en
est d'autres qui restent en place & qu'on n'enléve que dans l'arriere saison , ou pour les ra-
douber ; tels sont les filets des parcs. De ceux-
ci, les uns forment seuls les pêcheries, comme il arrive dans les tentes ; les autres ne font
que des piéces ajoutées, pour rendre la pêche
plus sûre & plus abondante ; tels sont ceux
qu'on emploie dans les parcs de pierres & de
clayonnage. Nous comprendrons aussi dans le
nombre des filets qui restent en place , ces rangées de guideaux qui forment comme des bar-
rieres à l'embouchure des rivieres , & qu'on
nomme étalliers.

Sur quoi nous observerons que quand tous
ces réseaux sont ôtés, il reste toujours sur le
lieu quelque piéce de l'appareil. Quand les filets des tentes sont enlevés, il reste des piquets;

à la place des parcs de pierres & de réseaux,
il reste la cloison & des perches ; à la place des
étalliers , il reste des pieux. Dans l'origine ces
vestiges ne servirent qu'à reconnoître le lieu
que chacun avoit disposé pour la pêche ; au
retour du printems chaque Pêcheur retrouvoit
ses piquets, ses pieux , sa cloison ; il y arran-
geoit de nouveau ses filets , & retiroit le fruit
qui étoit dû à son industrie & à ses peines. Jus-
ques-là , tout étoit en regle , il n'étoit pas juste que l'un profitât des dispositions & des arrangemens , qu'un autre avoit faits quelques
mois auparavant. Mais cette conduite dégénéra,
& à la longue conduisit à des abus , auxquels
il paroît qu'on n'a pas fait assez d'attention. A
force de pratiquer la même chose dans le
même lieu, on prit ce long usage pour un titre
de propriété, & l'on regarda comme à soi un emplacement , dont le bon ordre avoit seulement
jusqu'alors permis qu'on tirât parti.

Plusieurs habitans des côtes qui étoient en état
de faire certaines dépenses , ayant choisi sur les
grêves les lieux qu'ils crurent les plus propres à
leurs vues , y firent construire des pêcheries de
toute espéce, les firent valoir par des Pêcheurs,
& sçurent ainsi mettre à contribution une profession qui n'étoit pas la leur & qu'ils étoient

bien éloignés de vouloir pratiquer. Premier abus. Bien plus, quand le tems eut détruit tous ces appareils, continuant de regarder l'emplacement comme un fond qui leur appartenoit, ils ne balancérent point à en uſer comme d'une terre & ils l'affermérent à qui en offroit le plus. De là, ce qu'on appelle les pêcheries exclufives; de là, ces eſpéces d'impôts que des particuliers perçoivent ſur la marée; de là, ces rentes auxquelles il faut ſe ſoumettre pour établir des filets dans certains endroits du rivage. Ainſi des Etrangers ſe ſont introduits au milieu des Pêcheurs, ſe ſont emparés des lieux les plus favorables à la pêche, ont mis à contribution l'induſtrie, & tirent le ſuc d'un corps dont ils ne partagent en aucune maniere les fatigues.

Cependant ces droits, ces rentes, ces priviléges ont entré dans le commerce, ſont paſſés de main en main & font aujourd'hui partie du patrimoine de beaucoup de particuliers; peut-on les en dépouiller ſans injuſtice? Ils montrent leurs titres, ils ont acheté de tel qui avoit acheté de tel autre, & les époques remontent ſouvent fort au-delà de 1554, tems auquel ces ſortes de priviléges furent interdits pour

l'avenir. La jouiffance paifible des anciens propriétaires, ne doit-elle pas affurer celle des
nouveaux ? Ils ont acquis de bonne foi, ne
doivent-ils pas jouir de même ?

Ces raifons, toutes folides qu'elles peuvent
être, ne doivent pas, ce femble, balancer le
bien général, ni arrêter la réforme : elles montrent feulement quel tempérament le Légiflateur doit apporter dans fa conduite. Il faut priver le propriétaire prétendu, de ces fortes de
droits, mais non pas nuement, il faut le rem-
bourfer. Et comme cette fuppreffion regarde
l'utilité des pêches, c'eft fur le produit de ces
mêmes pêches qu'il faut puifer les fonds de ce
rembourfement. On fçait affez combien le
poiffon produit en impôts dans certains lieux ;
il n'en faudroit pas établir d'auffi confidérables à beaucoup près, pour fournir aux dépenfes
dont il eft queftion, dût-on prendre le parti de
les faire toutes à la fois.

A l'égard des rentes dont nous avons parlé &
de tous droits des particuliers fur le poiffon,
il faut les éteindre. Le patrimoine des Pêcheurs,
la Mer doit être libre de tous impôts de ce
genre.Pour les parcs & les pêcheries, après qu'on
les aura fait fortir des mains des privilégiés,

fi l'on juge à propos de les conferver, il faut les remettre aux Pêcheurs, qu'on ne peut trop favorifer ; & fi on les juge contraires aux progrès des pêches, il faut les fupprimer purement & fimplement.

CHAPITRE XII.

Précautions à prendre dans la réforme des Pêches.

Toutes ces vues ne font peut-être pas éga-lement judicieuses, je les propose feule-ment, & les foumets aux réflexions du Lecteur & au difcernement du Légiflateur. Elles fe-roient même toutes également utiles, que je ne. penfe pas qu'on dût les fuivre avec trop d'empreffement, ni établir tout-à-coup une réforme générale. Je regarde la police des pê-ches, comme l'état de ces gens dont les ma-ladies fucceffives & négligées ont totalement dérangé l'organifation : qui voudroit en même tems remédier à tout, feroit fuccomber la natu-re ; qui voudroit réprimer en même tems tous les abus des pêches, ruineroit l'art. Nos mers font dépeuplées, on retrancheroit les pêches qui rapportent le plus ; c'eft-à-dire les pêches abufives ; que produiroient celles dont on per-mettroit de continuer l'ufage ? Le Pêcheur tou-jours occupé fans fruit, feroit obligé d'aban-donner fa profeffion ; & le Peuple, qui ne rai-fonne que fur le préfent, fe plaindroit d'une police que la difette accompagneroit.

Il faut ne pas refter dans l'inaction, nos Mers
ne tarderoient pas à s'épuifer ; il ne faut pas non
plus rien précipiter , le Pêcheur & le Peuple en
fouffriroient. Il faut aller par degrés , & établir
par parties & fucceffivement , une fage & pru-
dente réforme ; il faut en un mot fe conduire
avec tant de juftefse , qu'en interdifant les unes
après les autres les pêches abufives , il ne fe
trouve , dès le commencement de la réforme,
aucun déchet dans la marée.

Pour y réuffir , la premiere attention qu'on
doit , c'eft au produit total des pêches. Il eft
furprenant qu'on fe foit fi long-tems occupé
de la population de nos Mers , & que jufqu'à
préfent on n'ait pris aucune mefure pour fça-
voir combien il en fort de poiffon. Le déchet
eft réel , tous ceux qui font à portée d'en juger s'en plaignent , & perfonne n'eft en état
de l'évaluer. On crie contre les abus , & l'on
ne fçait ni quand ces abus fe font introduits ,
ni quand le dommage qu'ils ont occafionné eft
devenu fenfible , ni à quel point il eft monté.
Si l'on avoit des régiftres qui repréfentaffent,
année par année , le produit des pêches , quels
éclairciffemens n'en tireroit-on pas fur leur état
actuel , & fur les caufes de la difette ? On y

verroit cette disette augmenter à proportion
que les abus s'établissent, & cette proportion
entre les abus & la décadence, meneroit avec
sûreté à la réforme la mieux entendue.

On doit sentir que pour cela il ne suffiroit
pas d'avoir un état exact de la quantité de poissons qu'on auroit pris chaque année, il faudroit
encore avoir un état des pêches auxquelles ce
poisson auroit été arrêté. C'étoit l'unique moyen
de voir avec précision l'époque de chaque abus,
l'abondance fatale qui d'abord l'accompagna,
enfin la disette qui le suivit. Dès-lors on eût pu
calculer le tort que chaque abus a fait, & les
effets qu'on eût eu à attendre de sa supres-
sion.

La chose n'étoit pas à beaucoup près impraticable; les Pêcheurs n'ont aucun intérêt à ca-
cher le fruit de leurs travaux, ni le genre de
pêches permises qu'ils pratiquent; & nous avons
sur les côtes des Commissaires, des Officiers
d'Amirauté, des Syndics, tous gens qui eussent
pu recevoir leurs déclarations.

Ce qu'on auroit dû faire dès le tems qu'on
se mêla de la police des pêches, je pense qu'on
ne doit pas différer à le mettre en pratique,
avant que d'entreprendre aucune sorte de réforme.

Ces

Ces recherches faites , & nos principes admis , la réforme deviendroit une affaire de calcul. Il ne s'agiroit plus que de confidérer le produit particulier de chaque pêche abufive. Si le produit particulier d'une pêche abufive n'étoit , par exemple , que le cinquantiéme du produit général des pêches , il eft clair qu'on pourra l'interdire totalement fans que la diminution de la marée foit fenfible ; un cinquantiéme ne peut faire un objet. La diminution de la marée ne fera pas même auffi confidérable que nous le fuppofons : car d'un côté ceux qui pratiquoient la pêche interdite , en feront d'autres , & ajouteront néceffairement quelque chofe aux quarante-neuf cinquantiémes qui fubfiftent. D'un autre côté , du nombre des poiffons que cette pêche abufive auroit arrêtés , plufieurs paſſeront dans les filets des autres Pêcheurs , & c'eft encore autant d'ajouté. Enfin la mer à couvert de cette pêche abufive interdite , produira plus qu'auparavant , & les autres en deviendront plus fructueufes ; de maniere qu'en peu de tems la diminution fera nulle , ou plûtôt le poiſſon fera plus commun qu'auparavant.

Ce fera alors qu'il faudra pourfuivre la réforme , & interdire une ou plufieurs autres

R

pêches , & toujours avec la même circonspec-
tion & d'après le même calcul. En se compor-
tant ainsi , on viendra à bout de proscrire tous
les abus , sans aucun inconvénient ; & le premier effet sensible que produira la réforme ,
sera l'abondance.

Cette conduite , toute sage qu'elle paroît ,
n'obvie pourtant pas encore à tout. Le tribut
des pêches se distribue , ou dans les lieux éloignés des côtes & fort avancés dans le continent,
ou dans les lieux voisins de la mer. Les premiers ne tirent pas leurs poissons d'une côte en
particulier ; mais d'une grande étendue de côtes en général : par exemple , Paris en reçoit
de toute la Manche. C'est à l'égard de ces endroits que les ménagemens que nous propo-
sons pour l'établissement de la réforme , ne
peuvent manquer d'avoir leur effet.

Pour ce qui est des autres lieux , ils ne tirent leur poisson que des côtes voisines , on ne
leur en apporte point d'ailleurs. Ceux de ces lieux
qui en tirent la plus grande partie , des pêches
abusives , souffriront nécessairement quelque
disette dans les commencemens de la réforme.
Mais cette disgrace ne regarde , comme on
voit , que quelques particuliers , & dailleurs
ne peut être de longue durée ; elle ne doit

en aucune maniere balancer le bien public. Au
furplus, fi l'on confidére tous les fecours que
les lieux maritimes tirent de la mer, &
du côté des coquillages, & du côté du poiffon de paffage (fecours qui ne fçauroient leur
manquer indépendamment de toutes les ré-
formes qu'on pourroit établir) on trouveroit
que leur prétendue difette, feroit regardée
par tout ailleurs comme une abondance ré-
elle.

Il me refte encore une réflexion. Nous avons
obfervé quelque part, que les pêches varient
comme les parages. Nous en avons dit une raifon ; la nature des fonds & le caractere des
poiffons étant différens, fuivant les différens
lieux, il a fallu auffi varier les manieres de
pêcher. Une autre raifon, (& c'eft fur celle-
ci que tombent nos réflexions) c'eft l'habitude où font les Pêcheurs de pratiquer de génération en génération telle pêche, & de négliger telle autre. Souvent même ils ne con-
noiffent que celles qu'ils exercent, & n'imaginent pas qu'il en exifte d'autres. Cette pêche à l'hameçon, qu'on appelle la pêche des
cordes, fournit le plus beau poiffon & ne l'endommage en aucune maniere ; elle a tous les
avantages qu'on peut défirer, & n'a aucun

inconvénient qui mérite l'animadverfion de la
Loi. Elle devroit être univerfellement répandue & pratiquée : on fçait affez combien elle
l'eft peu. On n'a guére moins d'avantages , &
guére plus d'inconvéniens à attendre de la pêche
de folles , & celle-ci eft peut-être encore moins
d'ufage que la précédente.

Cependant à mefure qu'on interdira certaines pêches abufives, il fera effentiel que ceux
des Pêcheurs qui les pratiquent & qui fe trouve-
ront obligés d'en faire d'une autre efpéce, n'ail-
lent pas embraffer celles des autres pêches abufives qu'on tolérera encore pour quelque tems,
car cela retarderoit, & peut-être empêcheroit
le fruit de la réforme , qu'on fe propofe d'é-
tablir par dégrés. Il faudra faire enforte qu'ils
en embraffent quelques-unes, du nombre de
celles qui n'ont aucun inconvénient. Il devient
donc utile & même néceffaire de répandre cel-
les-ci , le plus généralement qu'il fera poffible.
Les inftructions & les confeils qu'on auroit foin
de faire parvenir jufqu'aux Pêcheurs , n'en
font point capables. Ils écoutent tous les
avis , & pour l'ordinaire n'en fuivent aucun ,
l'expérience le prouve. Il faut donc les tenter
par quelqu'autre endroit, & je n'en vois point
de meilleur ni de plus fûr que de les prendre

par l'intérêt. Il faut propofer des récompenfes
pour ceux qui pratiqueroient habituellement
telles pêches , pour ceux qui y réuffiroient le
mieux, pour ceux qui y prendroient le plus beau
poiffon. Outre l'efprit d'intérêt, l'émulation pi-
queroit les Pêcheurs , & il ne faut pas douter
que celles des pêches qu'on favoriferoit de la
forte , ne deviuffent en peu de tems univerfelles
pour tous les lieux où elles feroient praticab-
bles.

Dans le même fond qu'on affigneroit aux
rembourfemens des propriétaires des parcs &
pêcheries , on pourroit puifer annuellement
une autre fomme qu'on deftineroit à cet ufage.

CHAPITRE XIII.

Essais à faire sur la propagation des Huîtres.

LA Nature répand avec profusion les productions de la mer, sur tous les lieux du
rivage où les eaux peuvent atteindre. Elle en se-
me dans les sables, elle en attache à la surface
des rochers, elle en enferme dans l'interieur
des pierres ; souvent même elle les entasse les
unes sur les autres. Sur un coquillage elle fixera
des plantes, sur ces plantes d'autres coquillages, sur ceux-ci d'autres plantes encore ; elle
accumule, comme si elle craignoit que l'espace
ne vînt à lui manquer,

Malgré cette attention à peupler tout, il se
rencontre pourtant sur le bord de la mer, des
endroits absolument stériles ; soit que les eaux
y soient trop agitées, soit que leur situation
concentre les rayons du soleil & y fasse naître une chaleur trop considérable, soit qu'il
s'y éleve des vapeurs souteraines contraires au
progrès de la germination tant végétale qu'a-
nimale. Ce n'est point de ces sortes de lieux
dont nous voulons parler ; l'œconomie la plus

intelligente n'en fçauroit tirer parti , leur ſté-
rilité eſt irrémédiable.

Il en eſt d'autres où la population a lieu,
mais une population qüi ne donne que des
productions de nul uſage ; ils ſont féconds ſans
être utiles. Ceux-ci me ſemblent mériter un
examen particulier ; ne pourroit-on pas les comparer à ces terroirs fertiles , mais incultes, qui
ne donnent que des plantes ſauvages , & qui
n'attendent que la main du Laboureur pour
donner les grains les plus recherchés. Si ce rocher couvert de cent ſortes de coquillages inutiles ne nous donne point d'Huîtres , ne ſeroit-
ce point parce que la ſemence d'Huîtres ne ſe
trouve pas à ſa portée. Aidez à la Nature, al-
lez dans le tems de la fécondation ſur une
Huîtriere , pêchez des Huîtres fécondes & prê-
tes à donner leur ſemence, répandez ces Huîtres ſur les rochers que vous voulez peupler ;
peut-être la Nature n'attend-elle que ce ſecours
pour les revêtir de cet excellent coquillage. Tel
Etang qui ne donnoit point tel poiſſon , en four-
mille depuis qu'on y en a jetté quelques
couples. Telle Riviere abonde en Ecreviſſes ,
& n'en donneroit aucunes ſi l'on n'avoit pris la
précaution d'y en apporter d'ailleurs.

Je n'ignore pas que tout parage n'eſt pas

propre à toute production marine , & que chacune de ces productions demande certain fond , certaine température , certaine profondeur des eaux. Mais que penser à la vue d'un rocher fertile en coquillages de nulle valeur , & dépourvu de toute autre chose ? Pourquoi dira-t-on que les coquillages utiles ne peuvent s'y nourrir ? Pourquoi ne dira-t-on pas que la semence de ces coquillages n'a pu y parvenir ? La premiere raison peut avoir lieu , & la seconde aussi ; c'est à l'expérience à décider. Peut-être à l'égard de certains endroits ne réussiroit-on pas ; mais il est plus que probable qu'à l'égard de beaucoup d'autres on réussiroit pleinement.

J'ai vu des rochers couverts de Turbinites & de Patelles , je n'y voyois pas une seule Huître. J'ai vu sur la même côte & à quelques lieues de là , d'autres rochers couverts de Turbinites , de Patelles & d'Huîtres. Je disois, puisque les Patelles se trouvent si abondamment avec les Huîtres , c'est qu'elles s'accommodent du même fond & de la même exposition , & si elles se trouvent sans Huîtres dans certains endroits , c'est que la semence d'Huîtres n'y a pu parvenir , il n'y a point d'Huîtrieres aux environs. Il faudroit donc y pourvoir , & semer pour recueillir.

Que de peines & de soins ne se donne-t-on pas pour ensemencer la terre ? Sans cela, quelque féconde qu'elle soit, pourroit-elle fournir à la moindre partie de nos besoins ? Dans la mer nous avons des semences de coquillages, nous avons des fonds incultes, mais fertiles, & nous restons dans l'inaction.

CHAPITRE XIV.

Des Réservoirs d'eau de Mer.

QUoiqu'en général le poisson soit fort rare, cela n'empêche pas que les pêches n'en fournissent plus abondamment dans certain tems que dans d'autres ; il est donc utile de suppléer à la stérilité des uns par l'abondance des autres, & cela ne se peut faire, à l'égard du poisson frais, que par le moyen des Réservoirs. Dailleurs il arrive souvent que le tems où la pêche donne le plus, est précisément celui où l'on a moins besoin ; il faudroit donc réserver ces provisions pour une autre saison, & cela ne se peut encore faire, à l'égard du poisson frais, que par le moyen des réservoirs. Mais n'a pas des réservoirs qui veut; il en coûte à les construire & à les entretenir, & toutes sortes de lieux ne sont pas propres à cet établissement.

Il se trouve quelquefois sur le bord de la Mer, d'assez vastes plaines dont le fond est de glaise & d'argille mêlées d'un peu de limon. On ne sait si elles appartiennent à la Mer ou à la Terre : l'herbe Marine y croît auprès de l'herbe des champs. Dans certaines saisons la Mer en

couvre la plus grande partie , elles paroiſſent
être de ſon domaine ; dans d'autres elles reſtent
à ſec & ſemblent faire partie du continent.
Lors même que la Mer paroît avoir abandonné
ces ſortes de gréves , elle s'y réſerve encore des
lits qui par leurs replis tortueux coupent la plai-
ne de toute part. J'entends quelquefois donner
à ces courans le nom de bras de Mer , comme
ſi cet élément étendoit les bras ſur ce terrein
& ſe diſpoſoit à l'envahir. Mais loin que ce
ſoient les premiers pas que la Mer faſſe en avançant ſur les terres , ce ſont quelquefois les
dernieres traces qu'elle laiſſe en ſe retirant.

Quoi qu'il en ſoit leur état actuel rend ces
plaines trés-propres à fournir aux Pêcheurs &
Marayeurs , des réſervoirs où ils puiſſent conſerver leur poiſſon autant de tems qu'ils le jugent à propos. Elles ne ſeroient pas moins avan-
tageuſes à un Phyſicien curieux ; il pourroit y
menager les réduits les plus commodes, pour y
mettre en expérience des productions marines
de toute eſpéce. Voyons comment les Pêcheurs ſe
pratiquent leurs réſervoirs:

On choiſit ſur le bord de l'un des courans
dont nous avons parlé , un terrein qui ne ſoit
ni trop bas ni trop élevé. S'il étoit trop élevé,

il faudroit creuser trop profondement, il y auroit trop de travail , & le réservoir n'en seroit
que plus incommode. S'il étoit trop bas , le réservoir seroit souvent en danger d'être inondé
& de communiquer au-dehors , ce ne seroit
plus un réservoir. Sur ce terrein & à peu de
distance du courant, on creuse en quarré, si
l'on veut , & de la grandeur que l'on juge à
propos , une fosse autant ou plus profonde
que le lit du courant. La terre qu'on en tire, on
l'arrange en dehors sur les bords , & on en fait
des espéces de jettées qui environnent le réservoir & le préservent des inondations qui pourroient survenir dans les grandes marées. Les
jettées affermies , la fosse creusée , pavée en
partie si l'on veut , & même murée tout autour
en dedans , on ouvre au niveau du fond ou à
peu près , une ou plusieurs communications
entre le réservoir & le courant ; on grille les
conduits de communication, & si l'on veut , on
y menage quelque sorte d'écluse, au moyen de
laquelle on puisse ouvrir ou fermer ces conduits.

On conçoit que l'eau du courant entre par
les canaux de communication dans le réservoir, le remplit, & se met de niveau au courant
même. Si les voies de communication restent

ouvertes, l'eau hauſſe & baiſſe ſuivant les marées, & le réſervoir a ſon flux & ſon reflux. Si
l'on bouche les voies de communication, l'eau
reſtera à la hauteur où elle étoit quand on les a
bouchées, & ſi c'étoit dans quelque forte marée,
le réſervoir reſtera garni d'autant d'eau qu'il puiſſe
y en entrer. C'eſt dans ces ſortes de réduits que
les Pêcheurs mettent en réſerve, le poiſſon qu'ils
veulent conſerver. Il n'y multiplie point, mais
il s'y garde parfaitement bien, & même y prend
de l'accroiſſement.

Les Pêcheurs ont obſervé (car qui n'obſerve
pas quand il s'agit de l'intérêt) que le poiſſon
mort ſe conſerve plus difficilement dans l'eau où
il ſe gâte quelquefois en moins de vingt-quatre
heures, qu'à l'air libre où il ſe conſerve ſouvent des ſemaines entieres. Je ne ſai quelle
raiſon la Phyſique pourroit en donner. Ne ſe-
roit-ce point, parce qu'à l'air libre, les parties
du poiſſon & les fibres qui les compoſent,
s'affaiſſent, tombent en quelque façon
les unes ſur les autres, ſe déchéiſſent enſuite, ſe compriment, & retardent le développement & l'action des principes de la putréfaction ; aulieu que dans l'eau ces parties & ces fibres ſe ſoutiennent, s'étendent & laiſſent entr'elles des eſpaces libres qui ſont autant de portes

ouvertes à la fermentation qui ne tarde pas à
s'établir & à se communiquer au loin. Quoiqu'il en soit, le poisson tiré des filets où souvent
il languit long-tems, jetté pêle-mêle à bord où il
acheve de perdre ses forces, meurt souvent le
moment d'après qu'il a été mis dans le réservoir. C'est pour l'ordinaire autant de perdu
pour le Pêcheur ; car ou il ne s'apperçoit pas
de l'accident, ou il s'en apperçoit trop-tard, ou
il ne sait en quel endroit du réservoir aller chercher le poisson.

Pour obvier à ces pertes, quelques-uns ont
la précaution de menager un petit réservoir peu
profond à côté du grand, où ils mettent en
épreuve le poisson qui menace. Si dans l'espace
de vingt-quatre heures il reprend vie & rede-
vient vigoureux, on le transporte dans le grand
réservoir ; s'il y meurt ou qu'il languisse, on le
prend & on le vend. J'ai vu un magnifique Turbot qu'on avoit mis dans un grand réservoir,
quoiqu'on doutât qu'il y put vivre long-tems,
mais on s'en étoit assuré d'une maniere assez
singuliere. On l'avoit attaché par une des ouies
au bout d'une ficelle dont l'autre extremité étoit
garnie d'un morceau de liége. La longueur de
cette ficelle, entre le liége & le poisson, étoit un
peu plus considérables que la profondeur duré-

servoir. Le liége toujours fur l'eau, annonçoit
où étoit le Turbot; fi ce liége changeoit de
place, le poiffon étoit en vie, il nageoit; fi le liége
étoit long-tems immobile, on l'atteignoit avec
une perche, on l'agitoit, on excitoit quelque
fenfibilité dans le poiffon, on s'affuroit s'il étoit
mort ou vivant.

Au furplus il ne paroît pas qu'on tire des réfervoirs d'eau falée, tout le parti poffible. Ils
ne fervent qu'à contenir pour quelques mois, les
poiffons qu'on y met en réferve : pourquoi ne
pas les empoiffonner pour la multiplication ? Il
femble que pour cela on n'auroit qu'à les aggrandir pour laiffer plus d'efpace au poiffon,
creufer le plus profondement qu'il feroit poffible quelques endroits pour fervir de réfuge contre la rigueur du froid & les trop grandes chaleurs, multiplier & griller exactement les conduits de communication pour faciliter le renou-
vellement de l'eau & en même tems pour ôter
au poiffon tout moyen de s'évader. Je conviens
que cela demanderoit des dépenfes ; mais fi le
poiffon venoit à profpérer dans ces réfervoirs,
par quelles richeffes ne feroit-on pas dédommagé ? Les terroirs les plus fertiles & les mieux
cultivés, feroient-ils comparables à ces plaines
inféconds & incultes, fi on en retiroit l'avan-

tage où leur inutilité même semble nous inviter ?

Ce que nous excitons à entreprendre, la Nature l'a quelquefois exécuté elle-même ; soit que la Mer entre dans des canaux souterrains, & aille se faire jour dans des profondeurs qu’elle remplit ; soit que dans les efforts des grandes marées, elle franchisse ses bornes & se jette dans quelque bassin ; il est toujours certain qu’elle forme en plusieurs endroits de vastes étangs d’eau salée ; comme si l’étendue immense qu’elle couvre étoit encore trop resserrée, elle perce jusque dans les continents, & cherche de nouvelles habitations pour les nombreuses lignées qu’elle nourrit. Les poissons de tout genre chariés dans ces étangs, s’y établissent, & la nature des eaux & du fond décident des espéces qui doivent y fructifier. Nos étangs artificiels, moins vastes à la vérité, auroient d’un autre côté des avantages réels sur ceux-ci. Si les étangs naturels reçoivent un trop grand nombre de ruisseaux, le fluide qu’ils contiennent, formé d’eau douce & d’eau salée, perd les qualités de l’un & de l’autre, & n’est plus propre à nourrir qu’un petit nombre d’aquatiles, même d’assez peu de valeur. S’ils ne reçoivent aucuns ruis-

seaux

seaux, ou qu'ils n'en reçoivent pas affez, il arrive souvent que l'évaporation enleve proportionnellement plus d'eau que la Mer n'en fournit; mais comme les parcelles aqueuses se diffi-
pent seules, & que les salines reftent & se concentrent, le réfidu devient trop salé, & le poiffon meurt. On voit affez combien ces étangs,
presque toujours trop ou trop peu salés, seroient
inférieurs à nos réservoirs.

Malgré cette supériorité, il ne faudroit pas
s'imaginer pouvoir éduquer dans nos étangs
artificiels, des poiffons de toute efpéce. Il eft
donné aux eaux de nourrir différens genres,
suivant leur nature, leur profondeur, leur température, &c. Deux étangs placés à côté l'un de
l'autre, mais dont les fonds ne seroient pas les
mêmes, nourriroient différentes efpéces. Parmi tous les poiffons que l'on confieroit à nos réservoirs, il faudroit discerner ceux qu'on y
verroit prospérer, de ceux qui n'y feroient que
languir, s'en tenir aux premiers, & ne pas s'en-
têter inutilement à vouloir naturaliser les autres dans un lieu où ils ne peuvent que dépérir. Entre les efpéces même qu'on y verroit
prospérer, il faudroit examiner fi quelques-unes
ne dégénereroient point, car tel poiffon gagne

S

dans certains endroits du côté du volume &
de la population , & perd du côté de la qualité.
Où la dégénération va à certain point, l'abondance devient fuperfluité. Il faudroit ; autant
qu'il feroit poffible , extirper ces races fécondes ,
mais dénaturées. Cette précaution déviendroit
néceffaire , fi l'efpéce dégénérée étoit vorace
& arrêtoit la propagation des autres ; mais fi
elle-même devenoit la pâture de ceux-ci, ce
feroit à l'œconomie du Maître à balancer les
inconvéniens & les avantages.

Je fuppofe que quelqu'étendue qu'on donne aux étangs dont nous parlons, ils doivent
toujours être trop étroits pour que les poiffons
puiffent y multiplier , foit que la contrainte
d'une prifon, quoique fpácieufe, efface en eux la
tendance à la propagation ; foit que faute d'une
nourriture affez abondante , leurs organes reftent dans une efpéce d'inanition , relativement
à la génération. Mais fi le poiffon n'y peut multiplier , il eft toujours certain qu'il y prend de
l'accroiffement , & cela fuffit.

Qu'on jette un coup d'œil fur les Pêches qui
fe pratiquent le long des gréves. Quelle prodi-
gieufe quantité de poiffon du premier & du fe-
cond âge , n'arrête-t-on pas dans les piéges

dont toutes ces plages font couvertes ? Le Pêcheur en enleve la moindre partie, & prefque tout
le refte périt en attendant le retour de la marée
trop tardive. Qu'on tranfporte dans un de nos
étangs, la centiéme partie de ce qui s'arrête
ainfi dans l'efpace d'une lieue, voilà un étang
empoiffonné, qui au bout de quelques années
fournira les plus belles piéces, & c'eft autant de
fouftrait à la deftruction générale.

Peut-être trouvera-t-on extraordinaire que j'i-
magine d'augmenter de quelques toifes l'efpace
immenfe qui fert d'habitation aux poiffons, & que
j'engage à conftruire de petites Mers artificielles,
comme fi l'Océan devenu trop étroit ne pouvoit plus nous fuffire. Mais ce que les Mers pro-
duifent n'eft pas toujours en notre difpofition, ce
que nos réfervoirs nourriroient feroit entre nos
mains. Les Mers appartiennent à tous, ou plutôt
n'appartiennent à perfonne, le réfervoir feroit à
celui qui l'auroit conftruit & qui l'entretiendroit.
De jour en jour nos Mers fe dépeuplent, de jour
en jour nos réfervoirs fe peupleroient. Loin d'être
une prifon pour les poiffons, ce feroit pour eux
un refuge contre la perfécution. Si nos parages
étoient ce qu'ils ont été autrefois, nos étangs ne
feroient pas même inutiles; dans l'état où font

S ij

les choses, ils deviennent en quelque sorte nécessaires. En cas que les dégats continuent, c'est
une ressource; c'en est encore une, en cas qu'on
les réprime. Car quelques précautions qu'on
prenne, il ne faut pas espérer que nos côtes
soient rétablies de long-tems.

Comme je considerois un de ces petits bassins,
qui peut-être avoit trente pieds en quarré & huit
à dix de profondeur, & que je réfléchissois sur
l'étroitesse du canal qui établissoit sa communication avec la Mer ; je fus étonné que plusieurs douzaines de grands poissons plats pussent
non-seulement subsister dans un si petit espace,
mais encore prendre de l'accroissement. Le
fond des réservoirs ne leur fournit que quelques vers, les bords quelques insectes marins,
& la Mer qui n'y entre que par des portes
étroites, ne peut leur apporter qu'une bien petite quantité de nourriture ; cependant ces
poissons y vivent long – tems & n'y souffrent
aucun dépérissement. Je concluois de - là que
le poisson n'a besoin pour se sustenter, que
d'une nourriture bien peu abondante, & que
c'est le plus frugal de tous les animaux.

Le raisonnement venoit au secours de l'observation ; de sa nature le poisson n'a qu'un très-

leger degré de chaleur, il eſt environné d'un
élément qui le tient dans une fraîcheur continuelle, tantôt il a la peau épaiſſe, quelquefois
âpre & dure, ſouvent couverte d'écailles, & toujours enduite d'une eſpéce de mucoſité : toutes
choſes qui empêchent ou réduiſent à peu, la tranſ-
piration. Or moins un animal tranſpire, plus ſes
forces ſe ſoutiennent, moins il a beſoin de les
réparer par la nourriture. De-là il eſt naturel
de conclure pour la ſobriété des poiſſons, & de
penſer qu'ils n'ont beſoin que d'une très-petite
quantité d'alimens.

D'un autre côté, ſi nous conſidérons le naturel glouton de preſque tous les aquatiles, la
ſtructure ordinaire de leur bouche, de leur
eſtomac & autres viſceres ſi conformes à ce
naturel, l'activité du ſuc diſſolvant deſtiné à
digérer les alimens, & plus que tout cela leur
prompt accroiſſement & les pertes exceſſives
qu'ils font dans les tems de la multiplication ;
nous ne manquerons pas de conclure que les
poiſſons ont beſoin de la nourriture la plus
abondante, & que de tous les animaux ce ſont
les plus voraces.

Ne ſeroit - ce point qu'en effet les poiſſons ont toujours beſoin de beaucoup de nour-

riture ; & que quand les vers , les plantes , les infectes , les coquillages , leur proie ordinaire , viennent à leur manquer , ils trouvent moyen de convertir l'élément qui les environne en leur propre substance ?

CHAPITRE XV.

De la préparation des Filets par le Tannage.

LE tan est de l'écorce d'arbre mise partie en poudre, partie en fort petits fragmens. On s'en sert pour tanner & raffermir les cuirs, les toiles, les cordages, les filets, &c. Ce qui a passé au tan, prend de la consistance, résiste mieux à l'eau, & se conserve beaucoup plus long-tems.

L'écorce de chêne fournit le meilleur tan; celle de saule colore plus, mais resserre moins. Plus l'arbre est jeune, plus son écorce est estimée, & à poids égal, celle des branches l'emporte sur celle du tronc : nette, unie, tendre, cueillie de vieille main & conservée avec soin, c'est toujours la meilleure. Plus le tan est menu, meilleur il est ; l'eau en fait l'extrait avec plus de facilité & le tannage en est plus fort.

Pour faire une bonne & forte tannée, on met ordinairement deux mesures & demie d'eau, sur une de tan. On fait bouillir, mais avec précaution ; car au moment de l'ébulition la liqueur se gonfle avec impétuosité & s'extravaseroit, si le Tanneur n'avoit l'attention d'en

S iv

survuider une partie, pour laisser au reste l'espace qui lui est nécessaire. D'un seul bouillon,
on peut (quand on fait le tannage en grand)
perdre plus de deux cens pintes de tannée. A
quinze ou vingt heures de-là, on retire le
tan & l'on continue de faire bouillir la liqueur,
qui prend alors le nom de tannée. On place enfin les filets dans la chaudiere, & l'on continue
toujours l'ébullition jusqu'à ce que les filets
ayent absorbé toute la tannée, ou qu'on juge
qu'ils en soient suffisamment imbues. Deux jours
s'écoulent dans un tannage de cette espéce.

L'écorce qu'on emploie pour tanner, fournit
dans l'eau deux sortes de parties, mais l'une
plutôt & plus aisément que l'autre. La premiere
qui se délaye dans la liqueur est une matiere
muqueuse ; par-tout où elle se trouve, c'est toujours elle qui passe d'abord dans les infusions
& les décoctions ; elle est gluante & tenace ;
dé-là vient que, dans le commencement de
l'ébullition, celles des parties de l'eau que l'extrême chaleur réduit en vapeurs, & qui cherchent à s'élever, ne trouvant pas dans cette
matiere une issue libre, la gonflent par leur extension & soulevent en même tems, tout le corps
de la liqueur. Ce gonflement cesse quand le feu

vient enfin à bout de diffoudre en quelque forte la partie muqueufe.

L'autre partie que fournit l'écorce, a plus
de cohérence, & paffe plus difficilement dans
l'eau, à laquelle pourtant elle ne caufe aucun
gonflement en s'y développant. C'eft une partie
extractive, pour me fervir du terme des Chi-
miftes ; elle eft fixe, fi on la filtre, & qu'enfuite
on faffe l'évaporation jufqu'à ficcité, elle refte au
fond du vafe ; elle eft alors luifante, d'une confiftance ferme, d'une couleur rouffâtre, & d'un
goût amer, mêlé de certaine âpreté. Sa principale vertu eft d'être aftringente. Elle s'infinue
dans les interftices des fibres, remplit les vuides,
rapproche les parties, & rend le corps beaucoup
plus folide qu'il n'étoit auparavant.

Il y a bien de l'apparence qu'il fe trouve dans les
humeurs de la plupart des animaux, un fuc offeux,
c'eft-à-dire, propre à la nourriture & l'accroiffement des os ; je croirois auffi que dans les humeurs des plantes & des arbres, il fe trouve
un fuc ligneux, c'eft-à-dire, propre à la nourriture & à l'accroiffement de leurs parties les
plus folides, & j'imagine que c'eft ce fuc ligneux
que je viens d'appeller partie extractive. Il eft
certaines eaux qui portent des parcelles pierreu-
fes, dans les pores & à la furface des fubftan-

ces qu'on leur abandonne, elles les pétrifient;
telle la tannée infére des parcelles ligneuses
entre les fibres des corps qu'elle pénétre, s'il
m'est permis de me servir du terme, elle l'est
lignifie.

Au surplus, la rareté du Tan m'a fait faire
quelques réflexions économiques. Les Anciens
tannoient avec l'écorce de Châtenier, en France
on tanne avec l'écorce de Chêne, & quelquefois avec celle de Saule; en Angleterre,
beaucoup emploient les feuilles & les branches
de Mirthes, & sans doute qu'ailleurs on use
encore d'autres végétaux. Cela me porte à croire
que puisque les matériaux varient tant, on
n'emploie pas encore tous ceux qu'on pourroit
employer. D'ailleurs quand je considére que le
Tan tient toute sa vertu de sa partie extractive ou lignifiante, & que celui qui se tire du
Saule, ce bois si tendre, s'emploie comme celui qui se tire du Chêne, ce bois si dur; je
me persuaderois volontiers que l'écorce de tous
les arbres, peut être mise en œuvre dans les
tannages.

Je sçais que parmi ces différentes écorces il
s'en trouveroit de plus & de moins propres à
cette préparation, & que peut-être celle de
Chêne l'emporteroit sur toutes les autres;

mais je fçais auffi que dans la pratique on pourroit compenfer le peu de vertu de bien des efpéces de Tan, par la quantité qu'on employeroit. Le Tan de Chêne fait hors de faifon, ou mal préparé, ou mal confervé, a moins de vertu; on l'emploie pourtant, & l'on compenfe fon peu de qualité par la grande quantité. De même quand les Tanneurs ufent d'un autre Tan que celui de Chêne, ils en augmentent la dofe à proportion qu'ils le croient inférieur en vertu.

Pour rendre donc un fervice effentiel à cet égard, il faudroit 1°. Examiner s'il eft vrai que toutes les écorces, ou le plus grand nombre, puiffent fervir aux tannages, 2°. déterminer le degré de vertu de chacune de ces écorces; 3°. marquer à quelles dofes elles doivent être employées.

Quant au premier point, qu'on fe fouvienne que l'effet du Tan confifte à pénétrer & à refferrer les corps qu'on lui préfente; delà il fuit, que plus une efpéce de Tan quelconque refferrera un corps, plus on aura lieu de foupçonner qu'il eft pourvu des qualités requifes: je ne dis pas qu'on fera fûr, car il faudra examiner par différens lavages fi ce refferrement fera durable. Un Tan qui cau-

seroit une grande conſtriction ne ſera pas pour
cela réputé d'une bonne qualité, ſi cette conſtriction diſparoît à la premiere ou ſeconde
épreuve. Qu'on tanne donc une bandellette
de toile avec une écorce quelconque, qu'enſuite on l'éprouve par différens lavages ; ſi cette bandelette reſte conſtamment plus courte
qu'elle n'étoit avant le tannage, l'écorce
qu'on aura miſe en œuvre doit être regardée
comme propre à tanner.

Quand par ce moyen on aura trouvé les
écorces qui peuvent être employées, il ne
ſera pas difficile de déterminer les différens
degrés de vertu, ni de fixer les doſes. Le
reſte égal, de trois bandelettes tannées avec
trois Tans différens, ſi la premiere s'eſt rac-
courcie de ſix lignes, la ſeconde de quatre,
la troiſiéme de deux ; il eſt manifeſte que le
Tan de la ſeconde a la moitié plus de vertu
que celui de la troiſiéme, & un tiers moins
que celui de la premiere. Il eſt encore manifeſte que le ſecond demande une doſe d'un
tiers plus forte que le premier, & plus petite
de moitié que le dernier.

CHAPITRE XVI.

De quelques préparations du poisson.

SITÔT que la vie manque aux corps organiques, il faut qu'ils se décheffent ou qu'ils
se corrompent. Les corps durs & peu humides
comme les bois, se décheffent ; les corps mols
& aqueux ou suculens, se corrompent les uns
plutôt , les autres plus tard : les poissons sont
du nombre de ces derniers. Cette corruption
n'est que le dernier degré de la fermentation ;
nous n'en examinerons point ici les différentes
nuances ; nous nous contenterons de dire que
l'eau , l'attouchement de l'air , & certain degré
de chaleur en sont les trois grands mobiles.

Après ce que nous venons de dire , on peut
conclure que plus le poisson approche du premier âge , plus il est difficile de garde ; ses fibres sont trop délicates, trop molles , trop imbues. Au contraire plus il vieillit , plus il se
peut garder long-tems, ses fibres s'affermissent,
s'endurcissent , se décheffent. Ainsi ces Raies
du premier âge , malheureusement trop communes dans toute la bande du Royaume qui

borde la Manche, où elles sont connues sous
le nom de Raietors ; ces Raies, dis-je, ne
peuvent guère se conserver, & plus on les
mange fraîches, meilleures elles sont. Dès
qu'au sortir de l'âge tendre, les Raies viennent
à prendre de la consistance, ce sont peut-être
les poissons de meilleure garde.

Mais le poisson le plus capable de résister
long-tems à la putréfaction, cède à la longue,
& enfin se corrompt. On a cherché à le préser-
ver & à le garder le plus intact qu'il seroit
possible, & l'on y a réussi par différentes préparations, qu'on peut réduire à l'ébullition,
la dessication, la salaison, la fumigation.

Presque toutes les parties animales fournissent dans l'ébullition une substance huileuse &
une autre lymphatique. La premiere surnage
& ne contracte point d'union avec l'eau, la
seconde, s'unit à l'eau, & quand elle est assez
abondante, elle forme avec elle, étant réfroi-
die, une masse presque transparante qui a la consistance des gelées & qu'on prendroit au premier
coup d'œil pour un mucillage épaissi. Cette lymphe est la partie des animaux la plus succulente,
la plus nourrissante, mais en même tems la plus
susceptible de corruption. C'est donc principale-
ment sur cette partie qu'il faut avoir l'œil, si

l'on veut s'oppofer au progrès de la fermentation putride. Cette précaution eft furtout néceffaire à l'égard de ceux des poiffons qui font
abondamment pourvus de cette lymphe ; tels
font les cartilagineux. Quand on les a attendus
plus ou moins felon la faifon & la température
actuelle de l'air, & qu'on prévoit qu'ils font
en danger d'entrer en putréfaction, fi on veut
les conferver encore quelques jours, le moyen
le plus fûr & le plus aifé, c'eft de les faire
bouillir dans une affez petite quantité d'eau, &
de les conferver dans leur fuc. Ce fuc prend de
la confiftance en fe refroidiffant, comme nous
l'avons dit, & entoure exactement le poiffon
qui fe trouve au fond du vafe. Quand dans
la fuite on voit que ce fuc épaiffi, cette efpece
de gelée, fe diffout à fa furfarce, il faut remettre le vafe au feu, faire bouillir de nouveau, & enfuite laiffer refroidir le tout comme auparavant. Le poiffon peut foutenir ainfi
deux ébullitions, même trois : un plus grand
nombre d'épreuves de ce genre, lui feroient
perdre fa qualité.

Cette maniere de conferver le poiffon pour
plufieurs jours, a bien des avantages, & entre
autres : 1°. Par l'ébulition on enléve le fuperflu
de la lymphe, c'eft-à-dire, la portion de ce

fluide qui tient le moins aux parties solides du
poisson, & qui par conséquent est la plus propre à entrer bientôt en fermentation. 2°. Cette lymphe en se réfrodissant, sert d'enveloppe
au poisson & le préserve du contact de l'air ;
l'air comme nous l'avons dit est un des premiers
mobiles de la putréfaction. 3°. Par la dissolution
de sa surface, la même lymphe annonce à
tems le danger ; on réitére l'ébullition afin de
faire évaporer l'eau superflue & le peu d'alkali
volatile qui s'est déjà formé, levain qui ne tar-
deroit pas à corrompre toute la masse. Mais
dans les ébullitions trop réitérées, le poisson
qui fournit toujours une lymphe nouvelle, s'é-
puise enfin & dégénére totalement.

Dans beaucoup de maisons on fait frire le
poisson presque autant que pour le servir, &
on le garde dans la sausse : cette méthode ren-
tre, comme on voit, dans les préparations par
l'ébullition.

On doit dans toutes ces préparations, employer des vases de terre, & éviter le fer,
surtout le cuivre. Dans le fer, si peu de fermentation qu'il survienne, il se développe ou
un acide, ou un alkali, qui s'unit à des parcelles ferrugineuses, forme un sel martial, &
donne un goût désagréable au poisson ; dans un
vase

vafe de cuivre, l'acide s'unit à des parcelles de ce métal, forme une efpéce de verd-de-gris, & le verd-de-gris eft un poifon.

Un autre moyen de conferver le poiffon, & cela pour des années entieres, c'eft de lui enlever le plus d'humidité qu'il eft poffible. Où il n'y a point d'eau, point de fermentation, point de corruption. Si les Egyptiens embaumoient fi parfaitement les morts, & mirent ces triftes débris de l'humanité, en état de fe conferver pendant plufieurs milliers d'années, c'eft qu'ils déffechoient parfaitement.

Quand la marée donne abondamment & que le poiffon eft à vil prix, quelques Pêcheurs font dans l'ufage d'en préparer par deffication, & de le conferver pour leurs befoins domefti-ques, & c'eft furtout les Raies qu'ils préparent ainfi. Ils les écorchent, leur ôtent toutes les entrailles, les font fécher & les confervent dans des bariques exactement clofes. Si nos côtes pouvoient un jour recouvrer leur ancienne abondance, rien n'empêcheroit qu'on ne pût faire en grand, ce que ces Pêcheurs font en petit. Ces fortes de provifions mifes à côté des Morues, rempliroient le vuide de ces jours de difette, où la Mer impraticable force le Pêcheur à demeurer oifif fur fes bords.

T

Le grand point dans cette préparation, est de bien sécher & d'ôter toute communication avec l'air extérieur ; si peu d'humidité qu'il reste au poisson, si peu qu'il en reçoive de l'air environnant, une légere fermentation survient, il se dénature & se gâte.

Un autre préservatif contre la corruption & l'un des plus puissans, c'est le sel. Il se dissoud, se disperse dans les humeurs, occupe les interstices des fibres, & rend la masse inhabile au mouvement intestin. Aux côtes de Bretagne, de Normandie & de Picardie, on ne sale que le Hareng & le Maquereau ; nous comptons pour rien quelques petites salaisons qui se font en Bretagne, comme celles de la Sardine. La salaison du Maquereau est particuliere aux François, ils n'ont point à cet égard de Concurrens. Il n'en est pas de même de celle du Hareng ; les Anglois & les Hollandois la pratiquent comme eux, ou plutôt d'une maniere bien supérieure.

On a toujours cru que la principale cause de l'infériorité de nos salaisons, étoit le peu d'attention que les François donnoient à la netteté & à la propreté si nécessaires dans ces sortes d'opérations. On ne sera pas éloigné de le croire, si l'on se représente que le moindre levain fuffit pour corrompre la plus grande maffe, & que dans les préparations négligées, il fe gliffe des milliers de levains de cette efpece.

Enfin la fumée deffèche les parties, les refferre, les enduit d'une matiere faline & les préferve. Le Hareng eft le feul poiffon qu'on prépare par la fumigation. Quelques-uns pourtant préparent ainfi le Maquereau, mais feulement pour leur ufage domeftique, le Maquereau foré n'a point paffé dans le commerce. Si Cette préparation ne valoit rien, pourquoi quelques Particuliers feroient-ils dans l'habitude de la faire ? Et fi elle eft bonne, pourquoi ne la fait-on pas en grand, pourquoi ne devient-elle pas un objet de commerce ?

On ne cherche pas toujours à garder le poiffon ; il eft des circonftances où l'on cherche au contraire à le mettre le plus promptement qu'il eft poffible en état d'être fervi fur nos tables. Car il en eft (par exemple les cartilagineux) dont le tiffu trop folide demande un certain tems pour s'attendrir ; fi l'on ne veut pas les attendre, il faut que l'art fupplée. On a donc effayé divers moyens pour attendrir ceux des poiffons qui étant frais, font trop durs.

Premierement, on a cherché à précipiter le progrès de la fermentation ; pour cela on enfouit le poisson dans la terre, surtout humide & un peu échauffée : quelques heures de séjour dans un pareil endroit (où la Nature travaille efficacement à la destruction de ce qui est mort & à l'accroissement de ce qui est vivant) établit bientôt un commencement de corruption, qui brise les fibres en assez d'endroits pour attendrir le corps qui en est composé. D'autres ont exposé les poissons à un air qu'ils ont cru chargé de particules tranchantes capables de s'insérer entre les fibres & de les mettre en piéces ; tels sont ceux qui les ont exposés à l'ombre de certains arbres. D'autres enfin ont cherché à exciter dans l'intimité des corps qu'ils vouloient attendrir, un mouvement subit & un tiraillement assez fort, pour rompre la plus grande partie des derniers tissus de fibres. Ils ont fait bouillir une Raie, par exemple, & dans l'instant le plus vif de l'ébullition, ils ont jetté l'eau bouillante & l'ont remplacée subitement par une autre la plus froide qu'il étoit possible. Les fibres de la Raie dilatées d'un côté par la chaleur & de l'autre resserrés subitement par le froid, se brisent en plusieurs endroits, & le poisson devient plus tendre.

La premiere maniere avance la fermentation, mais non pas encore affez promptement ;
d'ailleurs, on ne trouve pas toujours la terre au
degré requis de chaleur & d'humidité. La feconde me paroît fufpecte & par plus d'un endroit : je penfe qu'on a trop de confiance aux
émanations de certains arbres ; & fi ces émanations étoient en effet auffi actives que quelques gens fe le perfuadent , je doute qu'il fût
prudent d'expofer nos alimens à l'action de
ces particules corrofives. La troifiéme maniere
eft plus prompte & a moins d'inconvéniens ,
mais fi elle rend l'aliment plus aifé à mâcher ,
elle ne le rend pas plus aifé à digérer. Que
les fibres foient brifées en plufieurs piéces ,
cela fuffit pour faciliter la maftication ; mais
les fucs digeftifs n'en auront pas moins de
peine à pénétrer ces piéces rompues ; le travail de la digeftion n'eft pas feulement de ha-
cher par morceaux , mais de pénétrer & diffoudre. Il n'eft rien tel que d'abandonner nos
alimens à la Nature ; elle les a produits , elle
les rendra propres à flatter notre goût , &
paffer aifément en notre fubftance.

Cette derniere maniere d'attendrir le poiffon frais , me rappelle celle qu'on a imaginée
pour produire un effet tout oppofé , je veux

dire pour empêcher certains poissons de s'amollir excessivement. Dans les tems où l'hiver est le plus rigoureux, on trouve souvent des poissons saxatiles que le froid a fait expirer, & qui restent gelés sur le rivage. Si sans autre précaution on faisoit cuire à l'ordinaire ces poissons, la chaleur qui succéderoit subitement au froid, briseroit les fibres de toute part, & le saxatile dont le tissu est de lui-même tendre & délicat, demeureroit sans consistence, sans goût, sans qualité. Le seul moyen de remédier à cet inconvénient, est de faire repasser peu à peu dans le poisson, la température qui lui est naturelle. Pour cela on le plonge dans un vase plein d'eau froide. Cette eau quoique froide, l'est beaucoup moins que le poisson qu'on y a jetté, car elle n'est point au degré de la glace, elle contient assez de chaleur pour être fluide. Mais cette même chaleur, quel qu'en soit le principe, tend à se distribuer également aux environs & à se mettre de toute part en équilibre. Ainsi elle quittera en partie l'eau environnante, & passera dans le poisson. Dès lors cette eau dépourvue de ce qu'il lui falloit de chaleur, perd en cinq à six minutes sa fluidité, & forme autour du poisson une couche de glace légere. On ôte le poisson, on le dépouille de

de cette couche , on le replonge dans l'eau &
l'on réitere jufqu'à ce qu'il ne fe forme plus
de glace à fa furface. Alors il a repris fa température naturelle , & le feu ne fera plus fur
lui que fon effet ordinaire.

CHAPITRE XVII.

Observations sur les noms des Pêches & des Filets.

LES noms des pêches du canal, des filets & des inſtrumens qui y ſervent, ne ſont, pour la plûpart, connus que dans la bande maritime Occidentale du Royaume. Beaucoup varient comme les Provinces, & même changent quelquefois d'une Amirauté à l'autre. Un Pêcheur introduit dans quelque coin de la côte l'uſage d'un rets fort uſité ailleurs, il lui donne un nom, & ce nom reſte dans le canton tant que la pratique de cette pêche y ſubſiſte. Vous connoiſſez tous les filets uſités dans un parage ; à ſix lieues de là on parle de ces filets, mais ſous d'autres noms, vous n'y comprenez rien.

Cette variation jette dans l'embarras & l'Ecrivain & le Politique : nous la conſidérerons dans l'un & l'autre point de vue.

Quelques-uns de ces termes ſont François, ſoit que les Pêcheurs les tiennent de la Langue, ſoit que la Langue les tienne d'eux, ce qui eſt plus probable. Tels ſont les noms des filets qui

servent aux pêches , ou les plus célébres , ou
les plus ufitées. C'eſt ainſi qu'en François on
appelle Dreige le filet qui fert à cette pêche ſi
fameuſe par le bien & le mal qu'on en a dit ,
& Seine ce filet malheureuſement trop d'uſage
dans toutes les Rivieres & ſur le bord de toutes les Mers. Il eſt clair qu'en pareille circonſ-
tance on doit employer préférablement à leurs
ſynonimes , les noms que les Auteurs ont adop-
té. Car preſque tous ces termes ont des ſynonimes , & plus d'un. La Seine , par exemple , s'appelle dans certains cantons Traîne ,
dans d'autres Dranet , dans d'autres Colleret ,
&c. L'embarras ne finit pas là : on ne ſçait
ſouvent ni comment prononcer , ni comment
écrire ceux de ces mots auxquels on donne la
préférence. Ce même nom de *Seine* s'écrit
tantôt *Senne* , tantôt *Sene* & quelquefois *Ceine.*
Le parti qu'on auroit à prendre feroit d'avoir
recours à l'étimologie ; mais cette voie eſt ſouvent incertaine , plus ſouvent encore impraticable. Un Auteur de poids dérive , par exemple , *Seine* de *Sagene* , vieux mot qui vient du
Latin *Sagena* , *ſac* ; parce qu'au milieu de la
Seine ſe trouve , dit-il , un ſac de filets , une
eſpéce de *Sagene* : mais outre que cette déri-
vation n'eſt pas fort nette , la plûpart des Seines

sont dépourvues de ce sac. Il y a toute apparence que c'est une piéce ajoutée à la premiere
invention, & il existoit probablement de Seines long-tems avant qu'on pensât à les pourvoir d'une *Sagene*; au moins reste-t-il à douter si les Seines à chausses ont donné leur
nom aux autres, ou si celles - ci l'ont donné
à celles-là. Je croirois plus volontiers que les
Pêcheurs ont d'abord appellé ce filet *Ceinte*, &
ensuite par corruption *Ceine*, *Cenne*, &c. Et
que les Auteurs faisant plus d'attention au son
qu'à l'étimologie, ont écrit *Seine* & *Senne*. Comme feinte vient de feindre, ceinte vient de cein-
dre, lier autour, environner; ce qui représente
parfaitement bien l'action de la Seine qui forme une enceinte & environne tout le poisson
qu'elle améne au bord de l'eau. Mais un homme exact peut-il se déterminer d'après de semblables conjectures ?

Ceux de ces termes qu'on ne trouve dans aucun Auteur, & qu'il paroît que la Langue n'a point
encore adoptés, méritent les mêmes considé-
rations. La plûpart ont des synonimes & quelques-uns en ont six ou sept. Il faut encore ici
suivre la route obscure des étimologies & donner la préférence à celui qui designe le mieux
l'action du filet, ou qui dérive du nom du pois-

fon qu'il arrête. Si l'étimologie manque, il faut fixer son choix fur celui qui eft d'un ufage plus général, & fi l'on ne voit pas que l'un foit plus d'ufage que l'autre, il ne refte plus qu'à préférer celui qui fonne avec le plus de douceur, & qui paroît le plus analogue à la langue.

Les termes de pêche, furtout les noms de filet, jettent dans un autre embarras. Qu'on ait examiné les fynonimes, qu'on ait fait fon choix, on ne doit pas pour cela négliger les autres; ces termes de rebut demeurent toujours néceffaires. Non pas que celui qui en paffant jette un coup d'œil de curiofité fur les pêches & leurs manœuvres, doive être fort jaloux de trouver un Recueil complet des différens noms dont il a plu à des Mariniers d'abufer. Mais ce Recueil fi peu intéreffant pour un Curieux, devient néceffaire au Citoyen & à l'homme d'Etat qui tendent à l'utile & doivent tout approfondir. Croiroit-on que fi l'on ne connoît pas tous ces termes, les Loix qu'on établit deviennent confufes, & le Juge demeure incertain ou eft induit en erreur. Qu'une pêche abufive fe pratique dans un parage, que dans un autre affez éloigné il fe pratique une autre pêche permife, & que ces deux pêches aient le même nom : fi le Légiflateur ignore le double emploi du ter-

me & s'il ne s'explique sur ce point, n'est-il pas
manifeste qu'en interdisant la pêche abusive,
il interdit en même tems la pêche permise, ou
qu'en autorisant celle-ci, il autorise en même
tems celle-là ? Qu'on défende l'usage d'un filet
désigné par tel nom, quel lieu cette défense
pourra-t-elle avoir dans tous les endroits où
ce même filet n'est connu que sous d'autres
noms ? Tant il importe à cet égard de sçavoir
à combien de choses on donne le même nom,
& par combien de noms on désigne la même
chose.

Un Recueil complet de termes des pêches
& surtout de noms des filets d'usage, devient
donc un Recueil nécessaire. Il n'est pas difficile
de se le procurer. Que chaque Amirauté dresse
un état des pêches qui se pratiquent dans son
ressort, avec le nom, la description & la manœuvre des filets qu'on y emploie, il ne restera qu'à parcourir & comparer ces Mémoires ;
il sera aisé d'en extraire la nomenclature dont
il est question.

TABLE

DE LA PREMIERE PARTIE.

TABLE.

Fin de la Table de la premiere Partie.

TABLE
DE LA SECONDE PARTIE.

TABLE.

Fin de la Table de la seconde Partie.

www.ingramcontent.com/pod-product-compliance
Lightning Source LLC
Chambersburg PA
CBHW060424200326
41518CB00009B/1471